雪宝顶瑰宝

尹显庸 著

XUEBA____ ____BAO

巴蜀书社

图书在版编目（CIP）数据

雪宝顶瑰宝 / 尹显庸著. ——成都：巴蜀书社，2017.4
ISBN 978-7-5531-0775-2

Ⅰ．①雪… Ⅱ．①尹… Ⅲ．①矿物晶体—标本—介绍—绵阳Ⅳ．①P573

中国版本图书馆CIP数据核字（2017）第048927号

雪宝顶瑰宝	尹显庸 著

责任编辑：童际鹏
封面设计：冀帅吉
出　　版：巴蜀书社
　　　　　成都市槐树街2号　邮编：610031
　　　　　总编室电话：（028）86259397
网　　址：www.bsbook.com
发　　行：巴蜀书社
　　　　　发行科电话：（028）86259422　86259423
经　　销：新华书站
照　　排：冀帅吉
印　　刷：成都市金雅迪彩色印刷有限公司
版　　次：2018年1月第1版
印　　次：2018年1月第1次印刷
成品尺寸：210mm×285mm
印　　张：10
字　　数：200千
书　　号：ISBN 978-7-5531-0775-2
定　　价：168.00元

目录

读图时代，这书该怎么写

（代序）

写这种书，心情很复杂，神情很庄重！这是一个故事，也是一段历史，更是财富传奇！我敬重那些曾经为求生存而不畏艰辛在雪宝顶矿山上的打矿人；敬重那些将雪宝顶的美名镌刻在世界矿晶史上的专家学者们；敬重那些一掷千金，呵护收藏雪宝顶矿晶的矿晶达人们。有许多要感谢的人，有许多要铭记的事，仿若幻灯片，一张张，一幅幅，从眼前掠过。

历史翻回到上个世纪八十年代初 ……乘着改革开放的东风，全国人民沐浴在勤劳致富奔小康的喜悦中。四川省平武县虎牙藏族乡的村民们，在政府的支持帮助下，成群结队，携手并肩，怀揣着发家致富的梦想，奔向雪宝顶山。一天一夜的爬坡上坎，穿雾踏云；一天一夜的兴奋与期待。那时上雪宝顶矿区，根本就没有路，村民们用手中的长镰刀，在丛林中横劈竖砍，活生生地砍出一条羊肠小道。饿了，有玉米饼；渴了，有山泉水。陡峭的山壁，像墙一样，横亘在面前。精疲力竭时，一抹晚霞从雪宝顶的云层中斜射下来，照亮了储藏矿石的整个山坡——水晶场。村民们兴高采烈，他们朝着归去的太阳欢呼：雪宝顶，我来了！

于是，钨矿、锡矿、铍矿打出来了……于是，储存矿物晶体的晶洞打到了……于是，雪宝顶"吉祥三宝"横空出世了……先期的开矿人并不知道矿物晶体的价值远胜于矿石，顺手一榔头，将硕大的白钨晶体砸碎，打成细小碎块掺进矿石里，以提高矿石的品位。

有两个合伙人，在晶洞里打出一个足有篮球那么大的橘黄色白钨单晶，嫌它笨重碍事，不好分配，干脆在晶洞里将其砸碎，分成两堆，平均分配了这个白钨晶体的碎末。

知道矿物晶体价值高于矿石价值几倍乃至几十倍的时候，那已是上世纪八十年代末的事了。

雪宝顶山开矿的历史，在雪宝顶被列为国家级自然保护区和村民们开发生态旅游的经济转型中划上了句号。上世纪八九十年代产出的矿物晶体标本，或许就是雪宝顶瑰宝的绝唱。

如今，雪宝顶矿晶遍布世界各地，被各国矿晶爱好者和矿晶收藏家珍藏着，被世界各国的自然历史博物馆展览着。中国地质博物馆也收藏有雪宝顶矿晶。那段喧嚣的历史，一直被人们铭记着。

可是，读图时代，这书，该怎么写？写成历史，枯燥无味；写成小说，似乎功底不够。但雪宝顶的名字对矿晶达人来说，却是不应该被忘却的。

于是，便有了这本图片比文字还精彩的"书"。

2016年8月草于绵阳

神奇篇

第一章 神奇的雪宝顶

　　雪宝顶，地处四川省阿坝藏族自治州潘松县境内。海拔5588米，位于东经103.8度，北纬32.7度。坐落在南北延伸的岷山南段，是岷山的最高峰。岷山主峰雪宝顶为藏区苯波教七大神山之一。藏语为"夏旭冬日"，即东方的海螺山。在藏、羌、回、汉多种民族的神话传说中，它都异常的神圣。雪宝顶呈巨大的银色金字塔状独尊于群峰之中。在其周围留存着丰富的古代冰川遗迹，发育成数条规模巨大的现代冰

川，并发育了近百个上万平米的高山湖泊。

　　雪宝顶是登山爱好者的天堂，雪宝顶是旅游爱好者的盛景之地，这是众所周知的。

　　但雪宝顶还有另一个神奇的故事，却是大多数人所不详，而仅仅流传于矿物晶体收藏界。这便是，深埋雪宝顶山南坡的"吉祥三宝"。

　　这是四川省地矿局川西北地质大队高级工程师郝承麟先生对雪宝顶矿山的综述。现录于此。

雪宝顶钨锡铍矿成因浅析

　　雪宝顶坐落于岷山山脉南段的松潘、平武县交界处，是岷山的最高峰，大雪宝顶海拔5588米，主峰雪宝顶为藏族七大神山之一，藏语为"夏旭冬日"，即东方的海螺山。主峰有众多高峰簇拥，西南有海拔5119米的卫峰玉簪峰，东南矗立着海拔5440米的小雪宝顶、海拔5359米的四根香峰。雪宝顶终年积雪，岩石裸露，四周为陡峭、险峻的冰蚀地貌。

　　雪宝顶钨锡铍矿（床）点位于松潘-甘孜造山带东缘与秦岭东西向造山带西缘交汇处的松潘-甘孜地槽褶皱系西康群中三叠统杂谷脑组（T2z）含钙碎屑岩夹（5层）结晶灰岩/大理岩中，并伴有近似层间浸入的晚印支期-早燕山期白云母斜长花岗岩群，是松潘-甘孜造山带和秦岭造山带中发现的少见的以W、Sn、Be元素为主要含矿元素的浅成高温热液矿（床）点。

　　雪宝顶钨-锡-铍矿（床）点以盛产晶形完美、色彩瑰丽的宝石级白钨矿、锡石及罕见的板状绿柱石而全球著名。

　　蒲口坡矿（化）体主要赋存于紫柏杉小型次级穹窿核部（其次是翼部及主体断裂带中）含矿岩石的层间虚脱部位、NW向为主NE向为次的两组共轭张性裂隙中，倾角一般40°，矿脉长度nm~100m，厚度

远眺雪宝顶

1cm~30cm，延深一般<4m。矿脉膨大、尖灭再现频繁，矿物成分以石英为主，次为白云母、萤石、长石、绿柱石、白钨矿、锡石及金属硫化物等。矿脉带状构造明显，由内向外大致分为：1. 石英带。几乎由石英构成；2. 萤石-石英带。为白钨矿、萤石、绿柱石等的富集带；3. 白云母化-萤石化大理岩带。为含矿石英脉的直接蚀变围岩，属次要的白钨矿、萤石、绿柱石矿脉带；锡石较为稀少。白钨矿呈白色、浅黄色-橙黄色、桔红色，常成2mm~>100mm的四方双锥晶体，单晶最重>1000g；绿柱石常呈白色、浅绿色，偶见浅粉红色，半透明至透明，常成2mm~>100mm的六方柱状及板状晶体产出，单晶最重达1000g；萤石呈浅绿色半透明至透明八面体或立方体产出；锡石呈玫瑰红、浅棕、深褐色粒状及正方双锥、柱状双锥产出，直径1mm~100mm。在紫柏杉穹窿成矿区黑钨矿稀少，锡石仅在紫柏杉以西多见，绿柱石、萤石在紫柏杉以东的摩天岭成矿带极少见。

雪宝顶四周陡峭、险峻的冰蚀地貌

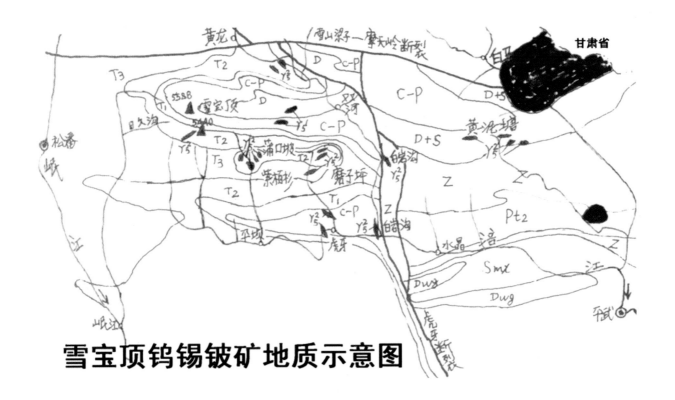

雪宝顶钨锡铍矿地质示意图

白钨、长石on云母板（下盘口）12cmx8cmx7cm

　　雪宝顶钨锡铍矿床产出的宝石级绿柱石、白钨矿、锡石、电气石等矿物晶形特别完好，共生矿物有长石、方铅矿、石英、方解石、云母等；绿柱石、白钨矿和锡石色彩绚丽，其成分较为复杂，类质同象现象普遍，晶体形貌具有标型意义。有学者对该区代表性矿物绿柱石、白钨矿、锡石等进行了成分研究、形貌描述及矿物共生组合特点分

锡石板（黑达皮）11cmx9cmx5cm

白钨三晶连生　　　　　　　　金刚光泽

析，从矿物标型特征、围岩蚀变类型确定了矿床属于浅成高温热液型，绿柱石、白钨矿和锡石三种矿物结晶沉淀的顺序为:绿柱石→锡石→白钨矿。

雪宝顶瑰宝

神奇的雪宝顶

柱状海蓝宝石on云母板（盘口湾）23cmx15cmx10cm

棱角分明、幽蓝透明、玻璃光泽

雪宝顶瑰宝
——
神奇的雪宝顶

秋季雪宝顶矿山　曾伟刚摄影

秋季雪宝顶矿山　曾伟刚摄影

史话篇

第二章 雪宝顶矿晶史话

这是一个真实的故事——事情要追溯到1953年的春天。"大干快上"的新中国日新月异，工农业生产蒸蒸日上，但是资源是最大的瓶颈，除了石油钢铁以外，许多材料产业资源极度贫乏，迫切需要"大干快上"，争分夺秒。

上世纪五十年代，新中国的第一任总理周恩

来同志在一次讨论地矿勘探工作会议上，根据四川地区有盛产水晶的历史，综合专家意见，周恩来总理建议当时的地质部门派一部分力量到四川地区勘探工业级水晶，尤其是平武县虎牙乡，那里在民国时期曾有过勘探开矿的历史。

于是，副部长遵照周恩来总理的指示，将在江苏东海探矿水晶的地质部江苏区测604队调入四川，基地建在绵阳市，进驻平武县虎牙乡，向雪宝顶南坡进发，勘探水晶。

604地质队就是现在的四川省地矿局川西北地质大队的前身。1982年1月，地质部在绵阳成立川

海蓝宝和水晶共生（三道气）11cmx5cmx8cm

西北地质大队，将在平武虎牙探矿的604队、在西昌金口河探水晶的673队、广汉的101队、罗江区测二队及在川西探矿的613队、211队、405队合并，作为川西北地质大队的主力施工队伍。时任大队长张文岳对雪宝顶矿山的工作给予了高度的关注和支持。（张文岳后任地矿部副部长、吉林省省长等职）

据当时一位参加雪宝顶水晶项目勘探的地质专家讲，当时就发现了大晶体的白钨、锡石，但由于不是工作重点，仅将此作为次级矿勘查，记录在案，并未做过多详查和描述。

在后来的全民找矿报矿的热潮中，一位找矿村民还将一个重约五公斤的锡石单晶敲碎，送样到政府报矿，并未引起重视。据描述：该矿像一坨黑煤炭，又黑又亮，但比煤炭重，山高路远拿不动，于是就敲碎，只拿了一点点下山。

由于雪宝顶水晶品质高，产量低，开采条件极其恶劣，不适宜规模开采加工。同时，人工水晶的问世，高纯度的工业水晶被迅速生产出来，雪宝顶水晶的勘探开发工作也就搁置了下来。而地质部604地质队却永久地留在了绵阳市。

当时，苏联专家有十人之多，随同地质队进驻虎牙乡，在虎牙河的上游扎营，铁皮房子像火车厢一样排了四五个。有食堂，有卧室，还有跳舞的场地。每到周末，苏联专家和地质队的人都要跳交谊舞，这引得山里的老乡很是稀奇了好久。在"男女授受不亲"的传统村落里，一男一女互相抱着，左一步，右一步，很是惹人眼球，连山顶的人也要跑

雪宝顶瑰宝

雪宝顶矿晶史话

蘑菇状白钨（三道气）3cmx4.5cm　　雪宝顶产"熊猫矿"（五柱堂）5cmx3.5cmx3cm

白钨、海蓝宝、水晶叠生（母牛屙尿）9cmx7cmx14cm

几十里山路下来看热闹。

但是，这里并没有多少故事。苏联专家春天来秋天走，轮番上山勘查。第二年，专家人数减少一半多，第三年，好像只来了两个，一男一女，但没呆几个月，提前走了。

现在虎牙乡六十五岁以上的人还依稀记得摆在河边的那几个像火车厢一样的铁皮房子，一九五八年大炼钢铁时，被拉走了。

那个时候，山里有没有矿，似乎和村民们生活并无多大关系，而地质队也是尽量单独行事，不与村民往来。地质队的工人们也常常拿"国家机密"来吓唬村民，加之几个高鼻子、蓝眼睛的人出入其间，的确有种神秘感。时间一长，村民们也懒得关心了。

但谁也没料到，就是这次不寻常的勘探，使虎牙人在八十年代获得了一笔"意外"之财。

早期在雪宝顶矿山勘查施工的川西北地质队　汪艳燕摄影

当年苏联专家周末跳舞的场地，如今已成蒋林成的农家小院　笔者摄影

现在，农家小院接待着全国各地的游客　蒋林成摄影

传奇篇

雪宝顶瑰宝

虎牙乡的前世今生

传说中的虎牙关　褚慧英摄影

第三章 虎牙乡的前世今生

　　相传，在很久很久以前，虎牙村还是一片葱茏的绿草地和茂盛的原始森林，野兽众多，飞禽横行。虎牙河涓涓流淌，滋养着这些生灵，使得此地成了一个得天独厚的狩猎场。

　　从松潘过来的藏族猎人，他们翻山越岭，常常设伏虎牙，黑熊野猪常常成为他们的囊中之物。在一个冷风飒飒的秋天，猎人们准备进行最后一次狩猎，为严酷的冬季储备食物。可是当他们早晨从窝棚里钻出来的时候，全体傻眼了：昨晚他们拴在树上的金毛大猎狗，居然像孙悟空七十二变一般，变出了数不胜数的同样大小的金毛大猎狗，每棵树拴一只，漫山遍野，全冲着主人狂吠。猎人们懵了！到底哪一只是他们最先带过来的那只呢？无奈，他们只好派人请来塔尔寺的喇嘛，经喇嘛层层施法，驱魔降妖，拨云见日，足足用时三天三夜，那些金毛大猎狗方才纷纷退去，现出原形——原来是一个个不起眼的石头而已。虽说石头无啥稀奇，但这些石头却是长得黄澄澄，油亮亮的，甚是漂亮。石头大大小小，遍布山林，最是那石头棱棱角角，尖锐锋利，金字塔般的模样，不曾圆滑。猎人们正惊诧这奇异场景，有人正待弯腰拣拾那黄石头时，石头们却顷刻隐遁了。一瞬间，山林恢复了原样，树木参天，小草依依，他们带来的那只金毛犬平静地卧在树下，一双晶莹剔透的眼睛熠熠发光。事后，有奇人说：这是玉皇大帝给虎牙人送来的黄金宝，这些黄金宝暂时存放在地底下，一旦遇上天灾人祸，这些黄金宝就会救虎牙人于水火。后来，玉皇大帝怕黄金宝私下溜到别处，又派了哼哈黑白两位护宝神，看住黄金宝。于是，这些黄金宝就千年万年地沉睡在了雪宝顶山，以备虎牙人的不时之需。这些个黄金宝就是后来虎牙人挖出来的白钨矿物晶体。而哼哈黑白护宝神，则是金刚锡石和大刀绿柱石。雪宝顶出产的锡石和绿柱石，大部分的形状都像是一把厚重的铡刀，刀棱锋利无比，足见神勇之力。看着这些世间独一无二的奇特的锡石和绿柱石晶形，现今的矿晶达人们肯定会发出丝丝唏嘘吧！

话分两头。猎人们生火做饭，忙碌起

笔者在虎牙乡政府门前（2013年）　　　廖天旭摄影

来，吃饱喝足，精神抖擞地猎了许多动物，抬回松潘，富足地过了一个温饱的冬季，此是后话，暂且不表。却说猎人们在生火做饭时，无意间滴漏下零星青稞和玉米之类的残渣，而等猎人们第二年再进虎牙时，居然发现漫山遍野生长着旺盛的青稞和饱满的玉米，这些粮食足够猎人们吃上好几年的。于是猎人们决定留下来，顺着古河床建造房舍，携家带眷住了下来。这就是虎牙村的第一批居民。如今，虽然虎牙乡汉族人比藏族人多，但政府仍然尊重历史，仍名为虎牙藏族乡。

雪宝顶瑰宝

虎牙乡的前世今生

锡石、海蓝宝on云母板（粪堆湾）17cmx10cmx8cm

虎牙乡旧貌　笔者摄影

　　那么，虎牙的名从何而来？就是那头金毛大猎狗，当猎人们打完猎准备回松潘时，大猎狗不走了。它挣脱链绳，独自飞跑，猎人们追赶不上，只好任其行动。金毛大猎狗来到入虎牙关口的山峰上，瞬间幻化成一只雄健的老虎，从此，这只老虎就平卧在这里，再也不动了，它日夜守护着虎牙宝地。虽说世事变迁，沧海桑田，而这只老虎却不曾挪移半步，至今，人们在进入虎牙关时，仍清晰地看见威猛的老虎和那对锋利健硕的虎牙！

　　这故事虽为传说，但如今在虎牙乡七十岁以上的老人们口中，多多少少都会听到类似的故事。讲完故事还补充一句：虎牙——就是这么来的，雪宝顶的白钨锡石海蓝宝——就是这么生的。爱信不信！

　　我怀着敬畏的神情，仰视着虎牙乡。朴素的民风，原始的村落，忠厚的朋友，珍稀的瑰宝……

　　虎牙乡尽管为穷乡僻壤，却不曾遭受过饥荒灾难。虽然土地不长粮食，更是缺乏蔬菜瓜果，可虎牙人照样过得滋滋润润，志得意满。根本一点，虎

虎牙乡新颜　笔者摄影

牙人从小就有危机意识！求生的欲望自小在村民的心中根深蒂固。既然不生产粮食，虎牙人就必须从小就独立打拼。凡是能赚钱的营生总能大胆尝试，凡是能赚钱的机会从不放过。

民国时期，兵荒马乱，民不聊生，但虎牙人知道了种植鸦片赚钱的营生，那时，从虎牙通往松潘的马帮路上，一度热火朝天，商贾云集，着实兴旺了好多年。

一九四九年后，鸦片禁绝了，名贵中药材又成为虎牙人的生存之道，贝母、大黄、雪莲、杜仲、天麻、黄芪……地道药材造就了虎牙人辨识多种药材的能力。连三岁小孩随便在路边扯一把草，也能叫出是什么药材。"草大

虎牙乡的"背足子"（在去雪宝顶的悬崖路上歇息） 蒋林成提供

雾锁雪宝顶 曾伟刚摄影

夫"治疗疑难杂症，得心应手，名扬四乡八里。当混乱的药材市场挤掉了虎牙人的生存空间后，虎牙人又开始了打矿的黄金十年，白钨矿石远销外省，雪宝顶矿物晶体卖得风生水起，声名远扬海内外。有些虎牙人开始富裕起来，手里有了大把大把的票子；有些虎牙人在平武县城购买了商品房，举家进入城市，儿子孙子也走进了正规学校……

时间进入二十一世纪，随着环境保护政策的落实，私自上山采矿已被政府禁止，可虎牙人偏偏又赶上了绿色休闲旅游的国家经济转型潮，一户户农家乐如雨后春笋，干得热火朝天……

这就是虎牙，你所不知道的虎牙。

虎牙有个"老蒋"，人称"蒋老板"。面相上却如朴实的农民。但他也是虎牙的文化人。曾经当过乡村教师，每天要走十多里山路去给学生上课。后来，又被水电站请去搞管理，享受了几年的"厂长"生活。偏偏穷乡僻壤，怎么折腾都挣不了几个钱，就跟着人上雪宝顶打矿。岂料，那打矿的苦怎是一个瘦弱的书生吃得下的，性格倔强的他咬牙坚持。但那打矿，除了能吃

雪宝顶瑰宝

虎牙乡的前世今生

2006年，雪宝顶被列为国家级自然保护区　笔者摄影

苦，还要有"运气"。人家放几炮，出矿一吨多，老蒋放了十多炮也弄不了几公斤。看来不是这块料，老天没有给他打矿赚钱的命。老蒋索性下山，去弄中药材。就在这当口，所谓的"成型矿"买卖开始慢慢在虎牙乡流行。一些外地客商来到虎牙买矿物晶体，偏偏奇了，客商们无论怎么问路打听，最终，都到了老蒋家门口。老蒋就留客人喝水、吃饭、住宿。渐渐地，老蒋也开始了"成型矿"的生意。有意思的是，"成型

虎牙乡的冰雪节（2015年）　蒋林成摄影

矿"赚了钱还附带着将农家乐搞了起来。虎牙乡偏远，省外来的人一般都要住上一晚两晚的，老蒋家就成了这些购矿者的客栈。

现在，全国乃至世界上有名的矿物商人或收藏家，但凡去过雪宝顶或虎牙乡的，大都曾经住过老蒋的客栈。那些矿晶大佬们，每每回忆起老蒋的热情和无私，都会竖起大拇指的。有的一住就是十天半月的，不但在老蒋手里买矿，还好吃好喝，尽享乡村天然美食。过去，老蒋把客栈取名"藏家乐"，后来，索性更名为"雪宝顶旅游接待站"，还想改成"雪宝顶山庄"，一来是体现虎牙的乡村特色，二来是为了纪念"雪宝顶矿晶"那段刻骨铭心的历史。

蒋老板雪宝顶旅游接待站农家小院的坝子就是曾

经苏联专家跳舞娱乐的礼堂所在地。几十年过去了，老蒋全然记不起儿时的情形了，岁月已冲淡了那段历史的记忆。而如今藏族风情的农家乐，让这个农家小院的坝子焕发出新时代的风采。

虎牙乡的农家乐　笔者摄影

保护环境、人人有责　笔者摄影

虎牙之春　笔者摄影

虎牙乡的农家乐如雨后春笋　笔者摄影

雪宝顶瑰宝

虎牙乡的前世今生

虎牙景区线路图

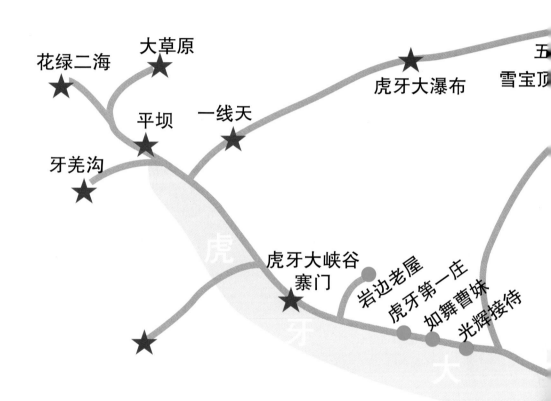

花绿二海　　大草原

　　　　平坝　一线天

牙羌沟

　　　　　　　　　　虎牙大瀑布

　　　　　　　　　　　　　五
　　　　　　　　　　　　　雪宝顶

虎牙大峡谷
寨门

岩边老屋　虎牙第一庄　如舞曹妹　光辉接待

虎

牙

大

★ 旅游景点　　　道路桥梁

● 农家乐　　　▲ 乡政府

和农家乐分布图

雪宝顶 ★

花花水瀑布 ★

壶芦口瀑布 ★

磨子坪 ★
（万亩杜鹃风景区）

级自然保护区

★ 土地梁万亩
杜鹃风景区

落圈岩瀑布 ★

倚山小栈

虎笑山庄

祥宇养业生态园

扯麻索大峡谷

杜鹃天堂

峡谷人家

陶源农家

黑勒客栈

龙洞山庄

顶山庄

农家乐

▲ 虎牙藏族乡人民政府

峡谷风情

如意农家

虎牙客栈

山里人家

大龙口山庄

幸福家园

豪瑞农家

大坝水库

峡谷冰雪山庄

花海子山庄

站口村

站口洞

雪宝顶瑰宝

虎牙乡的前世今生

虎牙乡幼儿园 笔者摄影

矿商之友——蒋林成　褚慧英摄影

蒋林成的心爱宝贝——白钨、锡石、海蓝宝、长石、水晶和云母，雪宝顶矿山上的大部分矿晶，都在这里了
褚慧英摄影

笔者与蒋林成　褚慧英摄影

出世篇

雪宝顶瑰宝——

雪宝顶的「吉祥三宝」

第四章 雪宝顶的"吉祥三宝"

永远的记忆——雪宝顶矿山　　曾伟刚摄影

炸药的部门，向进山打矿的村民供应炸药，并指定安全员，上山巡视，进行管理，协调关系，调解纠纷，监督安全工作。打矿鼎盛时期，甚至在水晶镇建立了选矿工厂，负责收矿和选矿。

其次是锡石矿。起初，虎牙人将漆黑的锡石放在火里烧，但始终引不燃，即便是浇上汽油、柴油，仍然无法燃烧——显然这不是煤炭。那是什么呢？问地质队的人，说估计是锡石。建议他们将矿石送到云南个旧去，因为个旧是中国最大、最著名的锡矿山，四川没有对锡石的检测手段。虎牙人将锡石揣上，连夜赶往云南个旧市。但遭到矿山检测部门的拒绝！四川平武产锡石？天大的笑话！怎么可能！不测，拒绝！村民无奈，捧着沉甸甸、黑漆漆的矿石没了主意。好在一位神通广大的村民，在外闯荡多年，见多识广，交了许多绿林好汉！朋友托朋友，关系找关系，朋友找领导，领导找朋友，辗转迂回，终于，第二次，个旧市锡矿山的检测部门同意检测了。

不测不知道，一测吓一

虎牙人将打出的岩矿称为"散矿"；将从晶洞中打出来的矿物晶体，称为"成型矿"。

上世纪八十年代中期，改革开放，勤劳致富的号角吹响在神州大地。虎牙人如何跟上时代的步伐？政府便打起了原来地质队探矿的几个矿洞的主意，希望给村民们带来实惠。于是，就有人将矿样送到省城成都，找相关部门化验。

首先发现的是白钨矿，说这个矿是航空航天工业主要原料，国家管控的。于是层层汇报上去，县上便有了一个矿业公司，由矿业公司收购，向湖南、江西有关矿业公司出售。此举一炮打响，村民们顺利地拿到了现金，幸福的喜悦溢于言表。当时，政府成立了专门供应

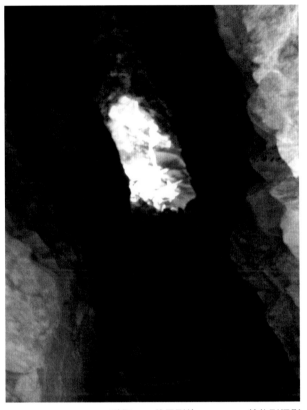

矿洞——从里到外　　曾伟刚摄影

找铍矿。兄弟二人从成都出发，经西昌、攀枝花、甘孜州、凉山州，最后来到四川平武县。看到扁扁的绿柱石晶体时，他们一致认为是扁水晶，颜色好的称为绿水晶。因为虎牙雪宝顶山上就曾开采过水晶。至今，川西北地质大队在山上水晶场挖的洞子，还完整地保留在那里。但从硬度上划，好像比水晶硬。"唐氏兄弟"将绿柱石带下山检测。

结论：是铍矿。矿名：绿柱石。于是，这些板状的珍稀宝石就作为铍矿被从岩板上敲下来，做了外贸品。只可惜，产出不多，形不成规模，收购也就停顿

雪宝顶矿山一景　　曾伟刚摄影

跳。平武县虎牙乡人送来的矿石样品果然是锡石，而且品位极高，经济价值更大，锡矿山领导希望他们将开出的矿石卖到云南个旧来。虎牙人心花怒放，兴高采烈地回到雪宝顶。怎奈，无论怎么努力，都没有找到成脉的矿带，规模开采成了泡影。村民们只好将在晶洞中打出的锡石晶体敲碎，但量太小了。打了十几吨矿，卖不了几个钱，劳神费力，不值当。直到后来，"成型矿"能卖钱了，而且卖得非常贵、非常好的时候，矿洞中的锡石晶体才免遭被砸烂的劫难。

绿柱石的命运，要好于锡石。这要归功于在绵阳市外贸局做市场推广的"唐氏兄弟"。上世纪八十年代，两兄弟受外贸局委托，在四川地区寻

白钨on云母板（浦口梁）12cmx10cmx14cm

锡石花、云母花（盘口湾）12cmx6cmx6cm

雪宝顶矿山一景　　　　曾伟刚摄影

　　了。同样的原因，"成型矿"热潮后，世界上独一无二的板状绿柱石，才得以保存，留下美丽的倩影。

　　白钨、锡石、海蓝宝——雪宝顶的"吉祥三宝"经历无数的艰难坎坷，终于修成正果。

出国篇

图森——雪宝顶矿晶走出国门（1997年）　　　杨大雄提供

第五章 雪宝顶"吉祥三宝"走出国门

地处中国腹地的雪宝顶山，怎么就被世人念叨了？身处深山中的矿物晶体，如何插上翅膀，飞到大洋彼岸的图森矿物宝石博览会的？硕大的晶体，金字塔般的造型，高贵的金黄色，非凡的组合，令国际藏家们如痴如狂。惊呼：这是中国风！二十一世纪的矿物晶体，很可能是中国的时代。

多个线路报道，以下线路是最重要的一条。1988年，"唐氏兄弟"在交易铍矿的生意中，无意间将白钨矿标本带给生意伙伴看，生意伙伴看后，眼睛一亮，便叫他们多弄一点来，并且在收购这些矿物晶体时并不讨价还价，而是卖家叫价，直接成交。具有生意头脑的"唐氏兄弟"立即嗅到了其中的商机。他们将山上买到的矿物晶体交给四川省地矿局矿业公司一位做珠宝生意的经理手里。出于对生意的谨慎，经理开初并不敢收购这样的东西，只是答应将雪宝顶矿物晶体带到美国图森矿物宝石博览会上去试一下。

一个新矿，一个新品种，一个新产地就这样在图森矿物宝石博览会上露面了，这是1988年的事情。

想知道这个矿物晶体产地信息的询问接踵而至，更多的购买需求也纷至沓来。

最为典型的是法国一位矿物晶体收藏家科恩。他是法航的一位货机飞行员，经常来往于北京和巴黎航线。他娶了一位中国空姐，汉语有一定基础。当他在法国巴黎圣玛丽矿物宝石展上看到雪宝顶的"吉祥三宝"后，欣喜若狂，立志收藏。趁在中国休息期间，他向四川省地矿局发出了求购信，希望找到产地，买到矿物晶体。由于是外国人的信件，地矿局不敢怠慢，立马将此信转到了时任总工程师的骆耀南手上。

骆耀南总工并不知情，四川并不产钨呀，即便有点，也仅仅是星星点点的露头，不成规模，不具备开采价值，哪来惊艳的白钨矿晶体？到底是省级地矿局总工，经一番调查询问，方知是一个不起眼的小矿点——雪宝顶发现的，的确不具备开采条件，于是，骆耀南总工托人在山上找了几个标本，准备送给科恩。（这是后话）

后来，骆总将科恩介绍给了已经开始试着做矿物晶体生意的朋友——杨大雄。

杨大雄见到科恩后，立即将虎牙雪宝顶矿山所产矿晶展示了出来。于是，科恩买到了许许多多的雪宝顶"吉祥三宝"。科恩用飞机将这些宝贝带到了法国。

至于湖南长沙的矿商及桂林的矿商，均是从国外知道四川平武有这个宝贝的。他们通过各方打听，亲临虎牙乡，住在老乡家，坐等收购"吉祥三宝"。国内有名的几位矿晶大佬，都曾多次光顾虎牙乡，有的甚至住上十天半月的。

但那是故事，只能用别的文体撰写了。

其次，便是阿根廷的阿土。他属意大利国籍，据说是国际旅行家，懂四十多国语言，也不知他是怎样知道雪宝顶矿晶的，总之，他到成都矿物检测中心找到一个朋友（他们还不知道杨大雄已经在雪宝顶做矿晶生意了），直接找到当时任川西北地质大队珠宝厂厂长，绵阳市根雕奇石协会主席的申泰明先生。申泰明当时为找水晶去过虎牙，并以25元一公斤的价格购买了一些白钨、锡石、海蓝宝的"成型矿"，阿土见到申泰明的矿，欣喜若狂，悉数买下，打道回府。

后来，科恩也与申泰明见上面了。在2000年前后，陆陆续续来到四川成都、绵阳和平武县虎牙乡购买雪宝顶矿物晶体的外国人有来自法国、英国、阿根廷、西班牙、美国和捷克等国的。

还有一条重要线索，1997年2月，杨大雄将雪宝顶矿晶亲自带到美国图森矿物宝石博览会上。

科恩——法国矿晶收藏家（1992年）（右）
杨大雄提供

雪宝顶瑰宝

雪宝顶『吉祥三宝』走出国门

故事还得从头说起。

上世纪八十年代中期，一位姓苗的年轻人经人介绍，心急火燎地来找杨大雄，请他去鉴定一批光学冰洲石。

原来，这个姓苗的是一个具有出口权的四川某公司的负责人，他们从美国买回一批光学冰洲石，欲销往中东，当时，正值中东战争，美国封锁，故美国卖给中东的货必须经中间买家搭桥。

苗的公司与中东买家签好买卖合同，但中东买家没给定金，待苗将冰洲石从美国人手中买下后，中东买家看完货，居然提出不要货了，合同失效。

杨大雄问："为什么呢？"

苗说："一是嫌冰洲石有颜色，有黄色等各种杂色；二是嫌冰洲石体积太大，他们要小一点的，主要是合同签的不够严谨。"

杨大雄帮苗联系了改色，又告诉苗，冰洲石顺着解理轻轻一敲，就裂开成小的了。苗的生意没有做成，但苗、杨两人却成了非常要好的朋友，一直都有来往。

九十年代，苗听说杨大雄在做矿物晶体标本的生意，立马就想起了远在美国图森的姐夫。鼓励杨大雄将矿物晶体标本拿到美国去卖。在苗的帮助下，苗的姐夫发来了邀请函，于是，杨大雄顺利地拿到了赴美签证，于1997年2月成行。

但这一次卖得并不好，一是因为他们选择的住地较偏，来看矿物标本的人很少；二是由于准备不充分，带来的雪宝顶矿晶并未进入展场，只是放在旅馆的台桌上，看矿晶的人必须进入房间，而他们当时住的那间旅馆

又一个爱矿的老外——交流、学习

杨大雄提供

德国矿商——购矿晶后合影留念（1992年冬）　　　　杨大雄提供

大多数是中国人，外国人很少；三是人生地不熟，不知道如何联系买家，只一味地在房间里坐等顾客。

　　不过，再冷清也毕竟是世界一流的博览会，杨大雄带去的标本品质都很好。所以，还是有不少外国人光顾杨大雄的房间，并有不错的成交——雪宝顶矿晶就这样展现在了世界矿晶人的面前。

　　雪宝顶矿晶，以其独特的魅力，不胫而走，名扬四海。据悉，在西方矿晶界，要是不知道中国雪宝顶，或者，没有一两个雪宝顶产矿晶，算不上矿晶达人。2010年，来自世界矿物晶体市场和网络调查的统计数据显示：中国四川省雪宝顶山所出矿物晶体是唯一进入前十名的世界上最受欢迎的知名矿物晶体，排行第五名。资料见《矿物爱好者》第六期（2010年）。

钠长石、云母on白钨单晶（五柱堂）7cmx7cmx11cm

价值篇

雪宝顶瑰宝

雪宝顶矿物晶体三大价值

白钨on云母板（五柱堂）13cmx13cmx10cm

第六章 雪宝顶矿物晶体三大价值

在中国诸多的钨矿床中，发现质优形美的白钨矿物晶体的矿床不在少数，但是像四川省雪宝顶出产的能够震撼世界矿物收藏界的白钨矿极品矿晶却实在难得一见。雪宝顶是著名的钨锡铍多金属矿床，盛产多种精美矿物晶体和标本，曾采集到不少美丽异常的橘黄色白钨矿物晶体，堪称举世无双。——（德）贝特赫尔本·奥腾斯（摘自《中国矿物及产地》第26页，2013年4月）

立方体萤石on白钨

1. 雪宝顶矿物晶体普遍较大。"晶体硕大，晶型复杂，颜色纯正，组合多样，造型奇特"是其真实写照。虽说雪宝顶采出了不少精致小巧秀气的拇指矿，但雪宝顶矿物晶体的晶体个头普遍较大，是个不争的事实。五厘米以上，十厘米左右大的晶体普遍且常见。就连"熊猫矿"也有四厘米左右大的单晶，也属晶体普遍较大范畴，世界罕见。

雪宝顶矿物晶体三大价值

雪宝顶瑰宝

雪宝顶矿物晶体三大价值

板状透绿柱石on云母板（浦口梁）11cmx10cmx5cm

主晶on云母板

　　2. 雪宝顶矿物晶体的晶型奇特多样。白钨晶体除了标准的金字塔造型外，还散见片状、柱状、板状、流体状；锡石，除了标准的柱状外，还散见燕尾状、花瓣状、膝状、锥状；海蓝宝晶体更是独树一帜，典型的厚板状在世界矿晶界傲视群雄，而柱状与短柱状、螺丝帽状反而成了稀有晶型。

雪宝顶瑰宝

雪宝顶矿物晶体三大价值

花状锡石on云母板（三道气）12cmx10cmx7cm

3. 雪宝顶矿物晶体的颜色丰富多彩。彩虹七色均能在雪宝顶矿晶中找到相应的颜色晶体：赤——红色白钨明净透彻；橙——橘黄色白钨艳丽多彩；黄——柠檬黄白钨高贵大气；绿——绿色萤石中规中矩，四四方方；青——黑色锡石，金刚锃亮；蓝——蓝色海蓝宝，含蓄而不张扬；紫——紫色磷灰石，无棉无裂，闪耀着宝石的荧光。

还有白色的水晶，奶白色的钾长石，象牙白的钠长石，铜绿色的"熊猫矿"（锌黄锡矿），灰黑色的硫锑铅矿……仿佛上帝的七色板打翻在了雪宝顶的山坡上。

雪宝顶矿晶的稀少，决定其经济价值大。同时，开采难度大，运输成本高，各项投入多，使其矿晶价格高高在上，也是客观存在的。

在1991年前，当时到虎牙来买矿晶的人大都购买单晶，交易形式普遍是以公斤论价。后来才逐渐以每一块论价，直到1991年法国矿物收藏家科恩向虎牙乡的矿商古氏两兄弟要求购买带基岩的矿晶，美丽的雪宝顶矿晶才更加出彩。在经过翻译和科恩本人连比带划的说明下，做"成型矿"生意的古飞终于明白，矿晶长在岩石上，要将岩石和矿晶一同开采下来。当时，古飞家里就有一块带基岩的白钨矿晶，那还是古飞冒险买下来的，他觉得带基岩的矿晶就像鲜花种在花盆里一样，给人一种鲜活的美感。科恩看到这块带云母板的白钨，立马用三倍的价格买走了它。

于是，带基岩的"成型矿"价值更大的事实在虎牙传开。挖矿的矿工们开始小心翼翼地开采带基岩的"成型矿"。这一来，加大了采矿周期，延长了采矿时间，矿晶开采更费时，

攀登——"背足子"走在悬崖路上　蒋林成提供

这悬崖路，通向雪宝顶山——你敢走吗？　蒋林成提供

雪宝顶矿山一景　　　　曾伟刚摄影

费力，费资金。同时，为了不影响标本质量，普遍都将基岩取得又厚又大，往往基岩是矿晶的好几倍，甚至是好几十倍的重量。采出带基岩的标本，山上是无法切割的。矿工们只好请"背足子"将矿晶连同岩石一起背下山来。而雪宝顶矿山的山高水长、坡陡路险是出了名的。过去，一个"背足子"可以背上十个八个，甚至小一点的十多二十个不带基岩的单体矿晶。如今，只能背上两三个甚至是一个。因为重量增加不少，所以带基岩的大板矿晶成本在无形中增加许多。

矿洞　　曾伟刚摄影

　　背下山的带基岩的矿标需要切割改小。在上个世纪90年代，一些地方切割瓷砖的工具都还在用金刚石玻璃刀，切割机在小小的县城几乎看不到。要想将几十公分大的带基岩的矿晶按一定要求切割出漂亮的形状，确实是一项艰难的工作。在巨大的利益驱使下，矿商们想了许多办法，凿子、榔头、钢锯，甚至用火烧加温马上又浸入水中骤冷的招数都用

雪宝顶矿物晶体三大价值

雪宝顶瑰宝

雪宝顶矿物晶体三大价值

矿洞　　　曾伟刚摄影

上了，效果均不理想。一些矿商又将矿晶送到大理石厂切割，也是事倍功半，得不偿失，就这样探索着，努力着。

切割雪宝顶矿晶的第一台土法切割机，还是虎牙乡矿商古伦古飞两兄弟研制出来的。他们将一台水泵电机取下来，加长转子轴芯，又给电机焊接好固定脚架，经多次修改完善，切割标本的能力大大提高。

工棚　曾伟刚摄影

这台切割机到底切割了多少吨废石，已经无法统计了。有时，一个手掌大的矿物晶体标本要切割下十几二十斤的废石；有时一个矿标要切割好几个小时甚至是好几天。极具细致耐心的古伦，每天吃了早饭，就坐在切割机前工作。他说，每当切成一个美丽的矿标，那种成功的喜悦与快乐是无法用语言来形容的。

雪宝顶瑰宝
——

雪宝顶矿物晶体三大价值

虎牙乡第一台矿晶切割机　笔者摄影

认真工作的古伦　笔者摄影

极其小心，一点一点地切　笔者摄影

　　如今，在遥远的大洋彼岸，在视矿晶如珍宝的收藏家们的手里，早期雪宝顶矿晶的基岩上仍残留着这台切割机的刀印。虽说刀路粗糙了些，有时还不免歪斜，但那已经是非常珍贵的标本了。缺少了这些勤劳智慧矿商们的努力，雪宝顶矿晶不知道要损失多少珍稀和美丽。

圣地篇

雪宝顶瑰宝

雪宝顶——矿晶达人的圣地

出发　宋渝平摄影

第七章 雪宝顶——矿晶达人的圣地

　　雪宝顶，矿晶达人心中的神山，但许多人或许终身也无法朝拜这位圣者了。

　　一是山高，海拔5588米，一般人承受的海拔高度在3800米，上了3400米，对身体素质就有了特殊的要求。出产"吉祥三宝"的矿区在4400米，那里空气稀薄，含氧量极少，山坡上光秃秃的，寸草不生，仅仅是在低洼潮湿处，有趴地的小草和零星的灌木丛。煮饭，需要高压锅，而且还煮不熟，水烧不开。明明眼前晴空万里，辽阔无际，偏偏胸口就压闷得透不过气，脑袋像炸裂般的疼痛。

上山的路　　宋渝平摄影

　　二是路远。从虎牙乡到雪宝顶矿区，没人说得出有多少公里。总之，一会儿是泥泞的小道，一会儿是茂密的森林。齐腰深的灌木，阻碍前行的步履，脚深一步浅一步地，大都踩在松软的腐土上面，泥泞湿滑。有些路段，根本不是在走，而是用四肢在爬。这还不是最艰险的。

　　见过用树干和藤条捆扎起的岩边树干之路吗？行进至悬崖前面没路了，勇敢的村民，用弯刀将身旁的树干顺势砍倒，踩着树干，一边向前爬，一边用藤条捆绑固定树木，就这样，在悬崖边硬生生地捆扎出一条树干之路。它不是栈道，因为栈道是需要在岩壁上凿洞固定的，而树干之路仅仅是两头搭在固定物上，中间藤条将树干互相捆扎，左边悬空，右边也悬空，脚下万

雪宝顶瑰宝

雪宝顶——矿晶达人的圣地

同路的马帮和"背足子"　　　　宋渝平摄影

丈深渊……

没有胆大心细的心理素质，你是无法踏上这条路的。

三是孤寂。一天一夜的行程，只能默默地走，树木森林是你的朋友，各种不知名的鸟儿，是你的伙伴。环顾四周，茫然一片，静得来只能听见自己的心跳。山林气候如小孩的脸，一天三变，刚刚一番哗啦啦的雨，瞬间太阳当头直射，热烘烘的潮气裹身。面对眼前的洪荒世界，孤独无助，前路不明，几生退意，又恐世人耻笑，硬着头皮往前挪步，心中那股孤寂不禁油然而生。

这是最好的路了　　宋渝平摄影

　　不过，想想那些为求生存上山打矿的村民，想想那些一天一趟从山下往山上背物资挣钱的"背足子"们，矿晶达人的"探险攀登"是幸运的，毕竟，你是在为心中的那个梦想而奔波的。

　　当你登临雪宝顶，站在那一片大约五平方公里的水晶场时，你幸福了，你骄傲了，你胜利了，你是矿晶界的真豪杰！

雪宝顶——矿晶达人的圣地

这路咋走？　　宋渝平摄影

　　能够称得上矿晶真豪杰的有"唐氏兄弟"，有德国矿物学家奥腾斯，有专注于雪宝顶矿晶研究的中国地质大学（北京）刘炎博士，还有一些不愿具名的矿商。

　　这里要提到一位真豪杰，重庆石痴宋渝平先生。他自幼爱石，不离不弃。2012年，自驾游到四川的丹巴，看见金光闪闪的云母矿标本，从此爱上矿晶，一发不可收拾。由于是在长江和嘉陵江边长大，所以自谕"江边

对，这也是上雪宝顶的路　　宋渝平摄影

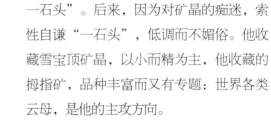

一石头"。后来，因为对矿晶的痴迷，索性自谦"一石头"，低调而不媚俗。他收藏雪宝顶矿晶，以小而精为主，他收藏的拇指矿，品种丰富而又有专题：世界各类云母，是他的主攻方向。

老宋下决心要去"朝圣"，为矿晶达人挣个脸面，为生命的多彩而浓抹重染。2015年9月，老宋出发了。为此，他进行了将近一年的跳楼梯锻炼，促使肺活量充

穿梭森林　　　*宋渝平摄影*

溢。为确保一次登山成功，他还特地自驾车去青海、西藏畅游，使身体先期适应高原气候。值得庆幸的是，经过近二十年的踩踏，虎牙挖矿人已经踏出了一条马帮路。老宋一路艰辛，终于登顶，来到圣地，完成夙愿。其文其图刊载在《矿物爱好者》杂志27期里（2015年）。

一边是山，一边是水　　宋渝平摄影

雪宝顶——矿晶达人的圣地

雪宝顶瑰宝

雪宝顶——矿晶达人的圣地

这也叫路　　宋渝平摄影

这路——有种雕塑感　宋渝平摄影

雪宝顶瑰宝
——
雪宝顶——矿晶达人的圣地

这路——有种韵律感　宋渝平摄影

这路——有种神秘感　　宋渝平摄影

雪宝顶瑰宝

雪宝顶——矿晶达人的圣地

这路——七曲十八弯　　宋渝平摄影

天工造物——完美，完美　　　　　　　宋渝平摄影

雪宝顶瑰宝

雪宝顶——矿晶达人的圣地

水路——一路艰险　　　宋渝平摄影

在这里遇见它——蛇，算是给旅途带来些许生气　　　　　宋渝平摄影

野果，可以吃　　　宋渝平摄影

同路的采药人　　　宋渝平摄影

一路走来，都成了兄弟　　宋渝平摄影

一路走来，马也成了朋友

雪宝顶——矿晶达人的圣地

雪宝顶瑰宝

雪宝顶矿物晶体三大价值

孤寂　宋渝平摄影

我骄傲，我在雪宝顶（骑马者为宋渝平先生）　　宋渝平提供

状态还不错（宋渝平先生）宋渝平提供

宝顶瑰宝

雪宝顶矿物晶体三大价值

这里，地势较为安全　　　宋渝平摄影

山为朋，云为友

就此过夜

雪宝顶矿场——蓝色是亮点

雪宝顶瑰宝

雪宝顶矿物晶体

雪宝顶云海　　　宋渝平摄影　　　　雪宝顶云海　　　　宋渝平摄影

破碎的矿洞　　　宋渝平摄影

夕阳西下——不见主人归影　　　宋渝平摄影

雪宝顶瑰宝

雪宝顶矿物晶体三大价值

一个字——美　宋渝平摄影

一个字——冷　　宋渝平摄影

雪宝顶瑰宝

雪宝顶矿物晶体三大价值

一个字——荒　　　宋渝平摄影

一个字——静　　　宋渝平摄影

由白至蓝渐变色萤石on云母板（三道气）11cmx7cmx9cm

多彩篇

雪宝顶瑰宝

雪宝顶矿山所产矿晶种类统计

第八章 雪宝顶矿山所产矿晶种类统计

　　据相关资料可知雪宝顶水晶场所产世界顶级矿物晶体标本有三种，即雪宝顶"吉祥三宝"：白钨、锡石、海蓝宝。

　　其次，是稀有矿物晶体标本：蓝柱石、锌黄锡矿、羟锡铜石和水硅钙铜石、硫锑铅矿。然后，是较为普遍的：水晶、钾长石、萤石、钠长石、白云母、方解石、磷灰石。

　　最后，是少量出产的黄铁矿、黑色针状电气石、白云石。

　　各矿晶之间互相组合，有的一两种，有的三四种，相映成趣，但大都以白云母作为底板衬托，各矿晶之间均有组合搭配，以白钨、锡石和海蓝宝组合较为少见，以白钨和黑色针状电气石组合较为稀罕，以水晶和宝石级白钨组合较为珍贵。

雪宝顶矿山所产矿晶种类统计

矿物晶体名称	颜色 (自然光下呈现的颜色)	形状 (不含基岩底板尺寸)	晶体大小值
白钨	大红色、橘黄色、橘红色、土黄色、紫色、红棕色、白色、黄色、黑黄色、柠檬黄色	金字塔状、宝塔状、柱状、片状、流体状	单晶最大35cm 单晶最小0.3cm 晶族最大30cm~60cm
锡石	黑色、黑灰色、黑棕红色、黑褐色	燕尾状、膝状、柱状、宝塔状、花状	单晶最大25cm 单晶最小0.2cm 晶族最大48cm
海蓝宝	白色、淡蓝色、深蓝色	薄板状、厚板状、扁状、柱状、短柱状、螺丝帽状	单晶最大30cm 单晶最小0.5cm 晶族最大60cm
蓝柱石	白色	指甲盖状	仅见0.5cm~3cm
锌黄锡矿 羟锡铜石 (熊猫矿)	绿铜色、黄色、铁锈红	扁状、球状、四方体、管状、柱状	单晶最大5cm 单晶最小0.05cm 晶族最大30cm
水硅钙铜石	深绿色	细柱状	仅见0.1cm~0.2cm
水晶	透明白色、紫色	六方柱状、扁状、权杖状、薄板状	单晶最大100cm 单晶最小0.5cm
萤石	白色、绿色、蓝色、紫蓝双色、透明	正四方体状、长方体状、不规则球状	单晶最大40cm 单晶最小0.5cm
透绿柱石	透明、乳白色	薄板状、厚板状、扁状、柱状、短柱状、螺丝帽状	单晶最大30cm 单晶最小0.5cm 晶族最大60cm
钾长石	白色	四方柱状、皮壳状、扁状	单晶长30cm 单晶短0.5cm
钠长石	白色、部分透明	四方形状	单晶最大3cm 单晶最小0.5cm
白云母	白色、灰色、铁锈色	椭圆状、扇面状、鱼鳞片状、长条状、球状集合体 (珍珠云母)	单晶最大5cm 单晶最小0.5cm
方解石	白色、粉色、灰色、黑色	正方体状、流体状、片状、球状、菱形六面体、结核状	单晶最大20cm 单晶最小0.5cm
磷灰石	透明、粉紫色、浅粉色	球状、片状、厚板状、柱状	单晶最大4cm 单晶最小0.5cm
黄铁矿	银白色	正方体状	单晶最大15cm 单晶最小0.1cm
白云石	白色	不规则方形	
电气石	黑色、透明	针状	单晶最长3cm 单晶最短0.5cm
硫锑铅矿	黑色、灰色	毛发状	

特色篇

宝石级白钨、萤石、海蓝宝on云母板（三道气）16cmx14cmx7cm

第九章 雪宝顶所产特色矿晶统计

　　勤劳智慧的虎牙人在水晶场开矿过程中，为方便定点，将许多地方以山形、沟形或其参照物，创造性地取了许多小地名。这些小地名代表矿洞所处方位，也为后来不同矿物晶体的产出确定了坐标。

　　例如，在水晶场的正中，生长着几棵矮种紫柏杉，所以地图上标注的水晶场地名为紫柏杉。而"三道气"的来历，则是村民

们刚到水晶场休息片刻，喘气再走，此为"一道气"，后来接着爬坡上坎，翻上一个梁子，又休息片刻，此为"二道气"。更为形象的是，西南角有一块岩石，很像一头母牛屙尿，于是村民们将此矿洞称为"母牛屙尿"。哗哗水、油笼子岩、盘口湾等地名均是村民们智慧的结晶。

颜色鲜艳、清澈透明

雪宝顶瑰宝

——

雪宝顶所产特色矿晶统计

雪宝顶钨锡铍矿各小地名主要产特色矿物晶体标本统计表

地名	主要产特色矿物晶体标本
油笼子岩 （最先开矿点）	白钨、海蓝宝、水晶、钠长石、磷灰石。海蓝宝颜色绿且透，尤以水晶产量大，品质高
五柱堂	板状白色绿柱石、大晶体白钨、大晶体磷灰石、最大晶体熊猫矿、雪白长石
浦口梁	大晶体海蓝宝，共生多，大晶体萤石（白色，绿色）、大花瓣状锡石、大晶体黄色白钨、磷灰石
母牛屙尿	柠檬黄色白钨、磷灰石、水晶、海蓝宝、钠长石、熊猫矿、白钨磷灰石共生最具特色
冬瓜棚	带黑色针状电气石的白钨，带黑色针状电气石的透绿柱石，水晶包裹电气石，小柱状透绿柱石
盘口湾	白钨、锡石、透绿柱石、粉红色方解石、柱状透绿柱石、水晶包裹黑色针状电气石、溶蚀状长石
下盘口	柱状锡石、柱状海蓝宝、水晶、白钨、长石
三道气	宝石级红白钨、萤石、水晶、橘红色白钨、透绿柱石、磷灰石、多色萤石、多晶型萤石
粪堆湾	小透绿柱石、柱形锡石、钾长石。锡石光泽好，偶见柱状透绿柱石，熊猫矿最好，"吉祥三宝"长在一个岩板上
岩底下	大白钨、大锡石、大长石、大海蓝宝
黑达皮	白钨、锡石、海蓝宝、萤石、长石、水晶

注：还有些小地名，只是不便记录，也没有得到大部分矿工的认同，故不在此罗列。同时，每一个地名并非一个矿洞一个岩层，而是指以此地名为中心的多个矿洞和多个岩层。

白钨晶簇on云母板（盘口湾）19cmx12cmx6cm

水晶on钾长石（产于黑达皮）16cmx12cmx13cm

锡石单晶、透绿柱石、水晶on云母板（母牛厕尿）14cmx8cmx6cm

雪宝顶矿洞示意图

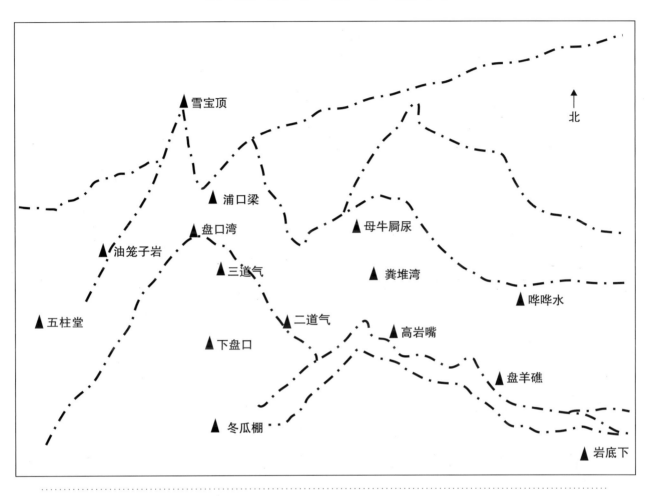

- ▲ 雪宝顶
- ▲ 浦口梁
- ▲ 盘口湾
- ▲ 油笼子岩
- ▲ 母牛屙尿
- ▲ 三道气
- ▲ 粪堆湾
- ▲ 哗哗水
- ▲ 五柱堂
- ▲ 二道气
- ▲ 高岩嘴
- ▲ 下盘口
- ▲ 盘羊礁
- ▲ 冬瓜棚
- ▲ 岩底下

↑ 北

白钨、锡石、海蓝宝共生on云母板（盘口湾）12cmx8cmx12cm

雪宝顶瑰宝

◆

雪宝顶所产特色矿晶统计

粉色方解石、堆积状绿柱石on云母板
（盘口湾）17cmx10cmx6cm

酱色白钨on珍珠云母板
（黑达皮）15cmx9cmx7cm

雪宝顶稀少的粉色方解石

酱色白钨，棱角分明

雪宝顶所产特色矿晶统计

螺丝帽透绿柱石、"熊猫矿"on云母板（母牛屙尿）16cmx9cmx8cm

锡石——光泽极好的漆状双晶（浦口梁）6cmx6cmx6cm

大咖篇

第十章 与雪宝顶亲切拥抱的几位大咖

唐氏兄弟

哥哥唐合中（中）、笔者（右）、矿晶达人余江（左）（2016年）　　汪艳燕摄影

　　唐氏兄弟：哥哥唐合中，弟弟唐世发。四川绵阳三台县人。上世纪八十年代服务于绵阳外贸公司，属于外销人员。两兄弟从来都是勇于进取、敢于接受新事物的人。1985年，绵阳外贸公司接湖南省水口山矿业公司的一个订单，要求寻找铍矿，出口换外汇。那时的外汇，是非常稀缺的，政府正拼尽全力，用各种各样的产品和资源，换取发达国家货币（外汇），以促进中国经济的发展。两兄弟接到这个任务后，从成都出发，第一站到了西昌，结果碰到许多水晶和绿帘石共生的矿物标本。别小瞧了这次邂逅，几年之后，当两兄弟决心着手矿物晶体生意时，他们重返西昌，挑货买货更得心应手。两兄弟放下水晶和绿帘石，继续进发，甘孜，阿坝，凉山……这些偏僻的地方都布满了他们寻矿的足迹。他们总结出一条经验，凡到一个地方，就找当地的地矿局或者当地的矿业公司，这样，对于寻找矿山和矿物有了很多

捷径。如此，或多或少，都能打听到一些有价值的东西。

1987年，在杨大雄的介绍和帮助下，两兄弟来到了四川平武县。县矿业公司的同志告诉他们，虎牙乡在打矿，但不知道是不是你们要找的东西。两兄弟乘车到了水晶镇，那时虎牙到水晶还不通汽车，有条件的，弄辆自行车骑，算是农村有身份的人了。走路，家常便饭。水晶镇到虎牙乡，步行大约四小时，而且还要抄几条羊肠小道般的近路。

当两兄弟腰酸背痛地走进虎牙乡时，迎接他们的不仅仅是铍矿，还有黄澄澄的白钨。细心的哥哥在矿堆里发现了像碎玻璃块一样的东西，人称"萤珠石"。两兄弟对着老百姓喊：对头，找的就是"萤珠石"。他们带回了一大包作检测。检测结果，这个像碎玻璃一样的东西，就是铍矿。

检测到矿物是一回事，能够成批量地收购又是一回事。两兄弟回到虎牙，希望大量收购这种板状的或白色或蓝色的"碎玻璃"。

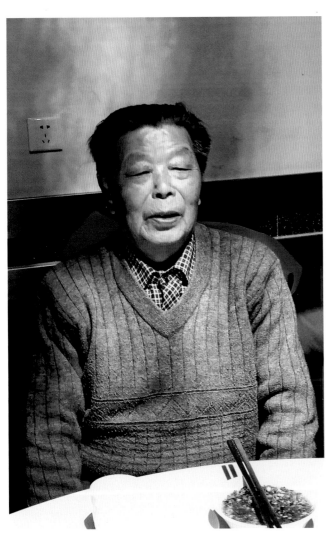

哥哥：唐合中　　汪艳燕摄影

弟弟：唐世发　　汪艳燕摄影

与雪宝顶亲切拥抱的几位大咖　　**109**

唐世发与笔者　　汪艳燕摄影

但矿山没有量，根本满足不了外贸订单。不过，他们知道了，这个所谓的绿柱石，是一种宝石，而且是一种珍贵的宝石。具有生意头脑的两兄弟开始兴奋起来，一股赚钱的欲望油然而生。

出于谨慎起见，两兄弟第一次买了一百元钱的绿柱石，整整一手提袋，另外，又看着那个黄澄澄的拳头般大的矿坨坨煞是好看，顺便花三十元钱买下了，一并带到成都，寻找四川省地质局矿业公司，以卖宝石的形式，希望发现这个东西的价值。省地矿局矿业公司的经理接待了他们，这个不愿透露姓名的经理，见过六方棱柱的海蓝宝石，从未见过这种板状的海蓝宝石，他显然一口否定，但清澈的透明度和淡淡的蓝，又着实与宝石挨得上边。经理答应帮他们检测，让他们回去等消息。

一个多月后，两兄弟来到成都找经理，经理给了他们两百元钱，连同那个黄澄澄的矿坨坨，一并买了。

赚钱了！两兄弟第一反应是这东西能赚钱。

于是，他们回到虎牙，开始试探性的购买，先是一百两百，后来一千两千，再后来一万两万……

为了弄清楚矿山的采矿情况及成本构成，两兄弟千辛万苦地登上了雪宝顶，并在矿山住了几天。

中国第一代矿物晶体销售商就这样出现了。他们当然不满足于虎牙，又来到了西昌、攀枝花，南下云南，各种矿标又买又卖，生意红红火火。

九十年代初，广西桂林瓦窑国际旅游品市场悄然兴起矿物晶体销售热。两兄弟第一时间来到桂林瓦窑，租铺开店，从四川将矿物晶体运到桂林，前来购买的中外游客络绎不绝，经常是货还没到，就已被订购。

如今，唐氏兄弟中的哥哥，已经落户桂林，其矿二代唐氏两姐妹，也是桂林矿晶市场举足轻重的人物。她们的矿晶，高端大气，新货不断。她们的生意，遍及五湖四海。矿二代比矿一代做得更得心应手。

贝特赫尔德·奥腾斯(德)

雪宝顶矿晶的研究者和雪宝顶矿晶价值的宣传者

奥腾斯与雪宝顶矿工在一起

之所以将一个德国的矿物学家列在这里，是因为他是唯一一个登上雪宝顶钨锡铍矿区的外国人，而且也是详细研究，向世界介绍雪宝顶矿物晶体标本的第一人。

贝特赫尔德·奥腾斯，1942年出生于德国。13岁时，奥腾斯感觉自己对矿物晶体标本有种特殊的爱好，于是立志在这方面有所建树。很小的年龄，就对寻找和挖掘天然矿物晶体乐此不疲。

大学期间，奥腾斯攻读岩石和土壤专业，由此打下了坚实的矿物学理论基础，让他日后的矿物收藏事业如虎添翼。

由于职业的需要，他经常要去希腊和土耳其出差，这为他寻找世界矿物晶体提供了便利。一个偶然的机会，他到印度出差，一个新的天地向他敞开：他被印度德干玄武岩出产的各种精美绝伦的矿物标本深深吸引住了。他不下50次远赴印度探矿寻宝。他长期密切关注着交易市场上出现的德干玄武岩伴生矿物标本，一旦发现精品，绝不放过。加上他无数次亲赴产地考察寻宝，使他不仅收集到一大批矿物标本精品，而且成为印度德干高原所产矿物晶体方面的行家和专家。

1995年，奥腾斯将目光转向了改革开放的中国。在中国他遇到了当初开发印度矿物市场时同样的问题：交易市场上的大批矿物标本既没有产地标签，也没有相关的矿产信息。因此，他开始了中国探矿寻宝新旅程。他一次又一次来到中国，收集第一手信息资料。他天生具有的探矿精神，更是他那永无止境的求知欲望，促使他完成了四十多次的中国实地考察，也将他打造成国际知名的中国矿物标本专家。

他曾无数次在德国及国际矿物学专业杂志发表中国矿物晶体的论文，也经常应邀在德国、奥地利、瑞士和美国等地作学术报告，向广大矿物收藏者传播他的经验和知识。他既是一位矿物学家，也是一位卓有成绩的矿物晶体收藏家。

2003年，奥腾斯以保

雪宝顶瑰宝
——与雪宝顶亲切拥抱的几位大咖

雪宝顶矿山一景　　奥腾斯摄影

护森林环境，调研矿业资源为由赴雪宝顶山考察，县林业局森林保护站的工作人员接待了他。由于语言不通和生活习惯的差异，让他闹了不少笑话，一个外国人，经历那么多艰难险阻，并与中国矿工吃住在一起，让人不得不佩服他的敬业精神。

在奥腾斯出版的《中国矿物及产地》一书中，奥腾斯将雪宝顶矿区的地质情况及矿物标本种类，一一全面描述。书中不乏溢美之词，许多有特色的矿物标本都是世界顶级的精品，而该书的封面则选用了雪宝顶典型的白钨矿晶体，足见他对雪宝顶矿晶的钟情。

"奥腾斯是个治学严谨的人。许多事情他都是亲力亲为，资料来源必须核实，数据准确，尽量做到误差越小越好。"曾任四川地矿局总工的骆耀南如是说。

骆耀南2004年2月去美国参观图森矿物宝石博览会。在大女儿（兼翻译）的陪同下，认识了奥腾斯。展会上，两人就四川雪宝顶矿物晶体的地质成因、晶体结构等进行了全方位的讨论。奥腾斯一边讨论，一边作着笔记。为了印证一个小小的矿物晶体问题，同年8月，奥腾斯专程飞到成都再次与骆耀南共同讨论，查资料，对数据。

骆耀南说："奥腾斯的收藏都是精品，不仅美丽，而且许多晶型非常独特，许多组合独一无二。"

一个中国地质总工程师是这样评价一个外国地质学者的。

（本节资料来自奥腾斯所著《中国矿物及产地》一书，照片系笔者从该书上翻拍的。）

奥腾斯所著《中国矿物及产地》一书

矿洞作业　　奥腾斯摄影

刘琰

雪宝顶矿晶的执著研究者

大学时代的刘琰在雪宝顶矿场的工棚　　刘琰提供

刘琰，北京市人，祖籍河南，1982年出生。2002年毕业于中国地质大学（北京），2004年9月，直读博士研究生，2010年获中国地质大学（北京）博士学位。中国地质科学院地质研究所副研究员，硕士研究生导师。

由于所学专业为矿物学、岩石学，在读大学的时候，有同学就告诉他，北京古玩市场潘家园有卖矿物晶体的，基于对专业的热爱，他去了。这一去，就使他对矿物晶体标本产生了特殊感情。

当时潘家园有好几家卖矿物晶体标本的，大块的，小块的，美得艳丽，美得迷人。有种硕大的黄色单晶吸引了他，这就是白钨，同时还有漆黑的锡石和淡绿色的铍矿。刘琰想了解更多的信息，但商店老板守口如瓶，就是不肯透露半个字。于是刘琰回学校查，但也终无所获。无奈之下，刘琰便主动与老板套

近乎，狠狠心，花了五十元钱买了老板一个绿柱石，这下，关系融洽了，互相也说开了。原来，老板怕刘琰抢他的生意，所以不肯透露产地信息。待刘琰说是地质大学的学生，想搞研究后，才吞吞吐吐地说是雪宝顶的矿晶。

刘琰如获至宝，立马回校查资料，方才知道，这个雪宝顶是有些神奇的。由此，刘琰确定研究雪宝顶矿晶的方向，并于2005年9月开始登临雪宝顶。在完成必要的采样录写后，还抽空写了篇《雪宝顶探宝记》，发表在《矿物爱好者》杂志第二期上。

他的博士论文《川西北雪宝顶W-Sn-Be矿床矿物成因和矿床形成机制》，不仅使他从容毕业，而且还在2011年获得北京市优秀博士学位论文奖。

2014年主编中文核心刊物《岩石矿物学杂志》，"珠宝玉石专辑"一期。他自读博士研究生以来，先后在 *International Geology Reviews*，*Resource geology*，《地学前缘》《地质与勘探》《地球科学》*ActaGeologicaSinica*，*ChineseSciencesBulletin*等杂志发表有关板状绿柱石成因、白钨矿定年、矿床成因、雪宝顶花岗岩成因等论文十余篇。

2010年以来，以第一作者身份先后在 *Ore Geology Reviews, Journal of Asian Earth Sciences, Resource Geology* 发表国际论文10篇。2011年获北京市优秀博士学位论文(共60项，地学理科唯一)。从读博士至今，以第一作者发表文章共20篇，其中SCI检索18篇，国际SCI10篇，EI检索2篇，ISTP检索1篇，国家实用新型专利1项。获中国地质调查局"青年英才计划"资助。

2011年至2014年，他负责的研究项目《川西北雪宝顶浅色花岗岩及W-Sn-Be矿床形成机制》获国家自然基金青年基金资助。

其他数十项研究项目，由于与雪宝顶无关，不在此罗列。

刘琰发表的与雪宝顶有关的主要论文如下：

1. Yan Liu, Jun Deng, Guanghai Shi, Xiang Sun, Liqiang Yang. Genesis of the Xuebaoding W-Sn-Be crystal deposits in Southwest China: Evidence from fluid inclusions, stable isotopes and ore elements. *Resource Geology*, 2012, 62(2): 159-173.

2. Yan Liu, Jun Deng, Guanghai Shi, Daisheng Sun. Geochemical and Morphological Characteristics of Coarse-grained Tabular Beryl from the Xuebaoding W-Sn-Be deposit, Sichuan Province, Western China. *International Geology Review*，2012, 54(14):1673-1684.

3. Yan Liu, Jun Deng, Guibin Zhang, Guanghai Shi, Liqiang Yang, Qingfei Wang. 40Ar/39Ar Dating of Xuebaoding granite in the Songpan-Ganze Orogenic belt, Southwest China, and its geological signifiance. *Acta Geologica Sinica* (English Edition), 2010, 84(2): 345-357.

4. Yan Liu, Jun Deng, Guowu Li, Guanghai Shi. Structure refinement of Cs-rich and Na-Li beryl and analysis of its typomorphic characteristic of configurations. *Acta Geologica Sinica* (English Edition), 2007, 81(1): 61-67.

5. 刘琰、邓军、邢延炎、江少卿，白钨矿的振动光谱与颜色成因初探，光谱与光谱学分析，2008, 28(1): 121-124.

6. 刘琰、邓军、孙岱生、周应华，四川虎牙雪宝顶钨锡铍矿物学标形特征及流体对矿物形态的影响，地球科学，2007, 32(1), 75-81.（EI）

7. 刘琰、邓军、蔡克勤、周彦、王庆飞、周应华、高帮飞、李德秀、徐福玉、朱悦荣，四川平武板状绿柱石矿物学特征及板状成因，地学前缘，2005 12(2) :324-331.

他研究雪宝顶矿晶的主要成果如下：提出了与晶体化学和成矿环境有关的绿柱石板状成因的"二元模式"。通过对矿石结构、脉石矿物、成矿流体、围岩蚀变、Li-F花岗岩成因的研究，建立了与高分异、贫Nb-Ta、富Li-F的S型花岗岩有关的Be-W-Sn元素热液成矿机制。

川西北雪宝顶浅色花岗岩为高分异、高演化、富钨锡、富挥发分、富Li-F的S型花岗岩，并发育大规模Be-W-Sn矿化而无Nb-Ta矿化。雪宝顶花岗岩围岩蚀变和矿化很弱，矿体主要赋存在大理岩张性裂隙脉中。这些Be-W-Sn矿脉含有大量的伟晶状绿柱石、白钨矿、锡石及脉石矿物。虽然花岗岩与南岭地区的Li-F花岗岩具有许多类似的地球化学特征，但雪宝顶矿床围岩蚀

学 术 报 告

川西北雪宝顶W-Sn-Be矿床：中国最美矿物的宝库
——矿物学特征和形成机制

报告人：刘琰 博士
中国地质科学院地质研究所

主持人：王汝成

雪宝顶矿床位于川西北海拔5000米以上的雪山地区，这里的绿柱石、白钨矿、锡石、磷灰石晶体等美不胜收，堪称矿物宝库，深受国内外矿物爱好者喜爱。

时间：2013年6月20日(星期四)上午10:00
地点：朱共山楼205会议室

欢迎参加

本资料由刘琰提供

变强度和成矿特征与南岭地区钨锡矿明显不同。因此，这种雪宝顶矿床的形成机制需要深入研究。

绿柱石的板状成因：在国际上，板状绿柱石的晶体结构和形貌之间的关系一直是研究难点和热点，尚无令人广泛接受的观点。首先对板状绿柱石进行详细的晶体化学分析；其次，进行了绿柱石X光单晶衍射结构精测，认为碱金属离子对Be元素和Al元素的替代和大量碱金属元素在六方环通道中的赋存是导致绿柱石板状晶型的"内因"；对各个晶面符号进行观察，并根据晶体周期性生长理论和野外产状，认为成矿流体的定向流动是导致板状晶型的"外因"。从"晶体化学"和"成矿环境"两个方面揭示了板状晶型的成因。以上研究以第一兼通讯作者发表在 *International Geology Review* (Liu et al., 2012a，附件5)和第一作者发表在 *Acta Geologica Sinica* (Liu et al., 2007a)。

白钨矿地球化学及定年：很多矿床中的白钨矿缺乏令人信服的年龄数据，主要原因在于白钨矿世代难以明晰、新鲜样品不易获取、熔样困难。彭建堂等(2003)在国内率先采用酸熔的方法熔解白钨矿并获得Sm-Nd年龄，但是这种方法难以彻底熔解白钨矿。在对雪宝顶白钨矿矿物学和地球化学详细研究基础上，结合其稀土含量较高(>200ppm)的特点，同实验室人员一起选择和改善了Na_2O_2碱熔的方法，并成功地获得了白钨矿Sm-Nd等时线年龄。目前，该方法已被多家实验室采用。储著银等(2012) 在JAAS中对这项碱熔白钨矿的熔样方法进行

了介绍和评述"Instead of acid decomposition, fusion (e.g,Na2CO3) or sintering (e.g, Na2O2) have also been adopted to attack and decompose the scheelite samples (Liu et al., 2007b)" 以上研究以第一作者发表在 *Chinese Science Bulletin* (Liu et al., 2007b)。

矿床成因：通过对成矿花岗岩岩石成因、成矿流体来源、围岩蚀变特征、矿物在矿脉中的分布和地球化学特征等研究，结合赋矿构造，还原了雪宝顶钨锡铍成矿过程。雪宝顶花岗岩是典型的高演化、高分异的S型花岗岩，岩浆演化晚期的热液中富集W、Sn、Be等成矿元素，Li、Na、K、Rb、Cs等碱金属元素及B、F、P、Cl和H2O等大量挥发分。随花岗质熔体的冷却和结晶，大理岩围岩中出现的垂直于花岗岩的张性裂隙诱使流体灌入，导致流体中钙离子增加和流体不混溶。随着温度和压力的降低，F-与钙离子结合形成大量萤石，破坏了长距离(>150m)迁移成矿元素的含F的钨锡铍络合物，进而导致了其中的Be、W、Sn等成矿元素以绿柱石、白钨矿、锡石等矿物形式在大理岩中结晶。

以上研究以第一作者发表在 *Resource Geology* (Liu et al., 2012b)、*Acta Geologica Sinica* (Liu et al., 2010)。

以上研究建立了矿物形貌与晶体化学、成矿环境的成因模型。改善后的白钨矿碱熔熔样方法能够为我国众多的钨矿床定年提供新的手段。

研究内容将深化对富Li-F花岗岩的起源演化、围岩蚀变、元素迁移成矿的认识，为建立统一的富

Li-F花岗岩的成矿模式提供重要的素材，奠定坚实的基础。发表SCI论文5篇。

相关成果：

Liu, Y*., Deng, J., Shi, G.H., et al., 2012a.

International Geology Review，54(14): 1673-1684.

Liu, Y., Deng, J*., Shi, G.H., et al., 2012b.

Resource Geology, 62(2): 159-173.

Liu, Y., Deng, J*., Zhang G. B., et al., 2010.

Acta Geologica Sinica (English Edition), 84(2): 345-357.

Liu, Y., Deng, J., Li, G.W., Shi, G.H*., 2007a.

Acta Geologica Sinica (English Edition), 81: 61-67.

Liu, Y., Deng, J., Li, C. F., Shi, G.H*., Zheng, A.L. 2007b.

Chinese Science Bulletin, 52(18): 2543-2550.

（以上内容专业性较强，笔者只是照此翻录，如有讨论，请与刘炎本人联系）

虽然有这么些成就，却不曾因雪宝顶矿晶而致富。他仍是一如既往地淡泊、洒脱，愿意将自己的研究供众人分享，愿意给不懂的人讲课，希望他们明白雪宝顶，了解雪宝顶。谁要是有疑问请教，他一向乐此不疲。

虽然研究雪宝顶卓有成就，却不曾拥有一块雪宝顶精品矿晶，上雪宝顶矿山两三次，去虎牙乡七八次，认识了许多矿工朋友，有的矿工甚至主动要送他矿晶标本，他知道矿工们打矿不容易，都一一婉拒。

这就是一个中国知识分子的情怀，一位雪宝顶矿晶研究者的崇高境界。

骆耀南

雪宝顶矿晶的爱好者

骆耀南是从1990年起任四川省地质矿产局总工程师的。他步入矿物晶体收藏界，纯粹是一个奇缘。1992年8月1日，从局办公室转来一封信件，信上全是英文，没几个人看得懂。骆总拆开信件，是一封比小学三年级学生字还写得差的一封中文信件。内容如图。

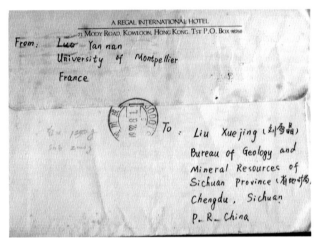

法国矿物收藏家科恩发给四川地矿局的信　　　　　　　笔者摄影

退休后的骆耀南总工（中）、杨大雄（右）、笔者（左）（2015年）　　褚慧英摄影

　　骆总迅速发动下属四处寻问，方知，这位叫科恩的法国人要找的白钨矿晶体在平武县境内。于是，骆总通过县国土资源局，找到平武县矿业公司，收集到几块白钨标本。本以为是学术交流而已，并不知矿物晶体的美学与收藏价值。正好，同年9月，骆总奉命赴法国考察，学习法国先进的矿业管理。他带上标本和科恩的信件（信封上有科恩的住址），直飞巴黎，巧的是那天科恩正好没有飞行任务，在家倒休。通过一番曲折的联系后，科恩亲自驾车来宾馆接骆总会面，并邀骆总去科恩家作客。

　　这一次，骆耀南总工算是大开眼界了。搞了二十多年的地质工作，其对矿物晶体标本的丰厚度和深度简直不及一个开飞机的法国飞行员。

　　谈到世界的矿产，科恩如数家珍，一一道来。谈到世界的许多矿山，科恩甚至知道这个矿山产些什么矿种、岩层属性及矿物特色。

　　科恩的爱人是一名中国空姐，宁波人。夫妇俩在家里用中国菜招待了骆耀南总工。骆总将带来的白钨矿标本赠与科恩。科恩将自己一屋的

骆耀南与笔者在他的矿晶屋　　　褚慧英摄影

收藏打开给骆总看。不看不知道，一看真奇妙。当灯光全部打开后，骆总用惊诧、惊异来形容自己的表情。

于是，骆总知道了：矿物晶体标本，除了矿物指示的科学标志外，还有美学的、艺术的、文化的标志。那种美是天然的、震撼的，它是用分子式和晶格构造诠释着地球的色彩美、结构美和韵律美！

两人再次互留电话、地址和多种联系方式，生怕失去对方而如泥牛入海。两个月后，科恩如约来川，直接来到骆总的办公室。仿佛老朋友相见，喜不自禁。骆总立即将矿业公司的经理阿褚叫来，于是科恩见到了梦寐以求的雪宝顶"吉祥三宝"。但这次会面科恩并没有买成那几块矿标，因为矿业公司的矿晶销售是要经过领导审批的。无奈，骆总便将科恩介绍给听说也在搞矿物晶体的地矿部成都区域地质调查大队研究员杨大雄。

科恩如鱼得水，在与杨大雄的交往中，购得不少精美标本。但他始终不忘与骆总的友谊，每次来川，总要亲自到骆总办公室去问候，并交流近

骆总仍然工作，想编一本关于矿晶方面的书　褚慧英摄影

新闻链接

**这里3种矿晶
是世界独有的**

　　绵阳奇石根雕协会会长申泰明
称，上世纪90年代，他应邀到桂林参加
一次奇石展览。展览会上，一本精美的
画册引起了申泰明的注意。画册介绍
的是全世界著名宝石和矿晶的产地及
代表品种，其中竟然有自己的家乡平
武虎牙。还标注着矿晶的拍卖价格。
"一对白钨晶体在上世纪80年代拍到
了7000多美元。"
　　一位法国的矿物学家来绵阳交流
时告诉申泰明："这里的矿物晶体有3
种是世界独有的。第一是白钨晶体以
艳丽的橘红色，成为世界白钨矿中罕
见品种；第二是绿柱石以板状晶型，成
为绿柱石矿标的唯一；平武的锡石也
因不发育柱体且平行连生，甚至双晶
连生，而展现玫瑰花状晶型，亦成为世
界上的唯一。
　　　　　　　　　　　　　（绵晚）

骆总剪下的有关雪宝顶矿晶的报纸　笔者摄影

况，互叙收藏心得。

　　从此，骆耀南总工也踏上了矿晶收藏之路。
2004年，在女儿任向导兼翻译的陪同下，骆耀南
总工来到了美国图森矿物宝石博览会的展场，认
识了矿物晶体收藏家刘光华博士和德国矿物学家
奥腾斯先生，并成为了好朋友。后来，刘光华博
士专程来骆耀南的办公室拜访，数次探讨雪宝顶
矿物晶体的许多情况。奥腾斯更是勤奋有加，多
次来找骆总，查资料，对数据，严谨认真，一丝

不苟。后来写就了《中国矿物及产地》一书，书中详尽介绍了雪宝顶矿晶的定年和标本特征，并用"举世无双"和"世界罕见"来形容雪宝顶矿晶（见该书429页）。刘光华写的《中国矿物精品与产地指南》一书，也刊载了不少雪宝顶顶级精品矿晶（见该书第251页）。

骆总一直有个心愿，想编一本中国矿物化石精品集，他孜孜不倦地收集资料，查阅图片，愿这位矿晶人中的老兵新秀早出成果。

两个好朋友——杨大雄与骆耀南

杨大雄

雪宝顶矿物晶体价值的发现者

畅想当年购矿时——笔者与杨大雄　　　褚慧英摄影

"我只是一个普通的地质工作者，没有大的追求，也没有什么大业绩。"杨大雄如是说。

或许，在地质工作战线上，他仅仅是一颗默默无闻的铺路石。上班，下班，完成领导交办的工作，月底领到工资，养家糊口。

但是，真就这个"但是"，对雪宝顶矿晶来说，却是天大的幸事。至少，他算得上是一位卓有贡献的功臣。

杨大雄是个有心人。1987年在四川区域地质调查队搞同位数测量。全国同位数研讨会在成都召开。他奉命组织接待，安排参会人员去九寨沟旅游。在从平武去九寨沟的路上，看见沿路的瓦板岩石材，突发要开发这种建筑材料的奇想。当时他并没有意识到，此时此刻，他已和平武县结下了不解之缘。

受朋友之托，杨大雄主持考察平武县境内的矿产资源。他不畏艰辛，走遍了平武的山山水水。水晶、黄羊、泗耳、王霸处、白马等地，通通走了一遍，

写了一份有关平武县矿产资源的报告，并编制了平武县矿产资源分布图，还对一些矿产的开发提出了建设性意见。后来在做矿物晶体生意后，他还专门写了一篇报告，阐述雪宝顶矿晶的巨大价值，建议有关部门引起重视，给予关注。此报告送交平武县国土局、民宗局等有关部门。对白钨矿，杨大雄发现廓达、雪宝顶、王霸处、黄羊都有露头，但没有做更深的地质工作，估计储量不大。

那时，雪宝顶已经开始开采锡石和白钨了。杨大雄考察到水晶镇，听说水晶镇有个选矿厂，立马过去看。就发现堆满矿石的矿堆里有些矿物晶体敲碎了的块矿。其块矿颜色正，透度好，黄澄澄的晶莹剔透。身为四川宝玉石协会发起人之一的杨大雄想，弄几块回去，打磨一下，或许就是一种新型宝石也未可知。杨大雄没带多少钱，东拼西凑，他买了500元钱的块矿，试图拿回成都作切割打磨，如果成功，这种金黄色的宝石，该是怎样一个价值呀！

但是，白钨性脆，经不起高温研磨，一开始加工便失败了（但后来他们成功地切割并研磨出非常漂亮的白钨宝石）。无奈，杨大雄只好将其作为宝石原矿卖掉。当年，在四川首届珠宝玉石展上，杨大雄将买回的白钨矿石，作为宝石原矿放在展柜里。殊不知，开展第一天，就被人买走了。

同年十月，北京举行全国珠宝展，杨大雄将剩下的标本托人带到北京，居然也卖掉了！杨大雄立马就感觉到了矿物晶体有巨大的市场，不可小视。

他揣上现金，再次赴平武县水晶镇。在镇上，他遇到一个背地质包，穿地质队大头鞋的地质工人。两人攀谈上后，方知此人系虎牙乡人，在雪宝顶打矿，而非专

杨大雄（前排左一）在泗耳考察时与乡干部合影　　　杨大雄提供

一个香港老板前来购矿晶　　　杨大雄提供

业地质人员。

　　杨大雄与这位矿工同路，步行回到虎牙，足足走了三个小时。这位矿工住在山顶上的最高一家。顾不上吃饭喝水，放下背包，杨大雄便在这位矿工家里翻找矿石，床铺下，桌子下，果然如矿工所说，这东西家里到处都是。杨大雄按照上次所选样本，挑了十多个，待问价格时，这位矿工居然不要钱，送给了他。

　　由于工作关系，杨大雄并没有专门从事矿晶生意，而是仍然专注于自己的本职工作和珠宝、玉石协会的日常工作。只是到珠宝玉石展时，拿几块出来卖，而且总能成交。对雪宝顶矿晶的市场价值，杨大雄是最先发现并亲自实践的。其间，杨大雄多次上虎牙乡，告诉村民们雪宝顶矿物标本的重大价值，不要轻易砸碎当矿石贱卖了，并承诺帮村民们找销路或者代卖。

　　直到1992年11月的一天，四川省地矿局总工程师骆耀南将法国矿物晶体收藏家科恩介绍给他以后，杨大雄

杨大雄与法国矿物收藏家大龙　　　杨大雄提供

才决定做矿物晶体生意的。

记得第一次卖矿晶给科恩，杨大雄就捡到了大大的惊喜。科恩精挑细选，确定五个手掌型标本。开始论价，杨大雄心里一默，500元一个，卖惯了的。"2500元"，杨大雄说。科恩还价："2000元"。杨大雄心想，外国人第一次来，无所谓了，今后还有长久生意的。就故意思考斟酌一番，点头同意了。于是科恩爽快地取出皮夹，数了2000美元给杨大雄。杨大雄报的是人民币的价格，科恩理解的是美元价格。在1992年的中国，人民币兑美元的黑市价是1比11，杨大雄瞬间成了万元户，而且是两万元户。杨大雄非常意外，欲作一番解释，但科恩坚持美元付款。杨大雄有些愧疚，而我们这位可敬的老外坚持给美元，并不给杨大雄说话的机会，而且千谢万谢，说不出的兴奋和激动。后来，双方都约定用美元讨价还价，就没有这种情况了。

杨大雄再上虎牙，在老乡家坐等三天，买回十四纸箱雪宝顶矿物晶体。当时并不知道什么完整度、造形、组合之类的要素，糊涂买糊涂卖。杨大雄是在看老外挑矿选矿，半问半悟才逐渐明白矿晶的好坏优劣的，并把这些经验毫无保留地告诉了矿工们。

后来，办公室里到底来过多少买矿人，连他都记不清了。印象深刻的是，他把购矿者挡在门外，一次只能进来一人，一人只能选一箱里的标本。选完后，付款出门。第二个人再进来，再开一箱……

印象更深刻的是，有个德国矿商，早听说杨大雄的大名。此人找到山西矿业学院在德国留学的一个留学生，是个年轻教授，让他当向导兼翻译，到四川来找杨大雄。他们先到成都地质学院，从成都地质学院找到四川科分院，再由科分院找到省地矿局，最后打听到四川大西南珠宝公司有个做矿物晶体生意的杨大雄。这位德国人终于如愿以偿，购得7000美元的雪宝顶矿晶后，居然像中大奖一样兴奋得手舞足蹈。

印象特别深刻的是，法国矿物晶体收藏家兼矿商大龙。他在成都电子科技大学请翻译当向导，要在四川寻找矿物晶体。（当时好多外国人都以旅游的方式在中国寻找购买矿物晶体），而请的这个翻译的舅舅，恰恰是杨大雄的同学。几番交流交谈，大龙奇迹般地结识了杨大雄。

大龙对矿晶的要求极其苛刻。他在杨大雄那里已经买不了几块矿标了。他要好的，精的，贵的。他给杨大雄300元一天的工资（当时一般工人一月的工资还不到300元），并承担所有差旅费用，要求杨大雄带他上虎牙买矿，但杨的英语口语不是很好，遂提出让自己的妻子当翻译一同上山，仍是300元一天。大龙欣然同意。由此可见雪宝顶矿物晶体是何等地诱人。

大龙与杨大雄　　　杨大雄提供

与雪宝顶亲切拥抱的几位大咖　　　**125**

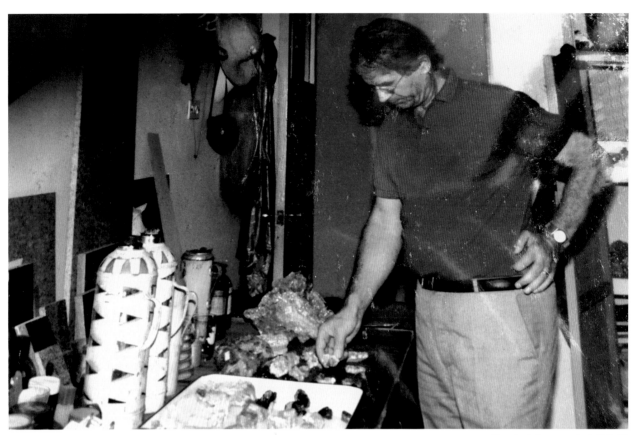

科恩在看矿　　杨大雄摄影

一个不满二十岁的德国小伙子，购矿后与杨大雄成了忘年交　　杨大雄提供

大龙在虎牙一个矿工的家里看见一个矿标，雪白的大片云母，底岩板呈25公分正方形，正中金字塔般地长一块5公分左右的大白钨单晶，晶体光泽极强，棱角分明，颜色橙红，尖子宝石般地红且透。"3万元"，矿工开价道。但大龙只给到2.6万，最后没有成交。

两个月后，大龙再次来到成都。杨大雄夫妇仍当翻译兼向导，到虎牙后直奔这位矿工家。当听说那块矿标卖了而且卖了五万元之后，大龙顿时捶胸顿足，长吁短叹，遗憾了好一阵子。

有许多外国人都是通过各种渠

笔者与杨大雄在骆耀南的矿晶屋　　　　　褚慧英摄影

道，到虎牙乡寻矿探宝，有的甚至借道旅行社游九寨、黄龙，顺道去虎牙买矿的，虎牙乡俨然成了外国人的第二旅游之地。在最先的"成型矿"交易中，由于杨大雄对雪宝顶矿晶价值的发现和对矿晶交易的推动，杨大雄自然而然成了虎牙人心中的名人，都奉他为雪宝顶矿晶专家，许多矿工打到矿后，都要找杨大雄品评、估价。那时，他成了虎牙乡最受欢迎的人。

与雪宝顶亲切拥抱的几位大咖　　　　127

曾太荣

雪宝顶矿晶的首个挖掘者

曾太荣手捧雪宝顶矿晶——板状海蓝宝晶簇　　　笔者摄影

曾太荣住在虎牙乡背后的半山腰上，祖辈务农，他放牛挖药，生活清苦而简单。在1984年之前，曾太荣都没有想过大把大把的现钱拿在手上是什么感觉。

同村的一位朋友，也姓曾，有一天找到曾太荣，说敢不敢上山打矿。曾太荣在挖药时见过川西北地质大队的人，他们请了好多"背足子"，大包小包地背东西下山，不知那包里装的是什么。那位曾姓朋友说：那就是矿。这东西比药材好，能卖大价钱。

两人商议好，曾太荣上山打矿，背下山来，按每斤1.4元收。曾太荣将信将疑，叫了几个朋友，到供销社买了炸药雷管，试探性地在矿点放了几炮。这是1984年的深秋。

最先，曾姓朋友只收锡石矿，白钨和绿柱石的收购已经是一年以后的事情了。曾太荣分得一百斤黑锡矿，卖给曾姓朋友，过完秤，果然拿到真金白银140元。（140元，在1984年是一个普通工人三个月的工资）

1985年，过完春节，气温稍稍有点回升，挣钱心切的曾太荣，叫上几个身强力壮的汉子，带上雷管炸药，上了雪宝顶。

当时，川西北地质大队的人在雪宝顶挖水晶，一些人已经开始注意到大块的锡石和白钨了。有心人便将白钨锡石拿到外面去化验，确认为矿石后，便开始往外背矿卖矿，但到底是

笔者与曾太荣　褚慧英摄影

矿一代曾太荣（中）、矿二代曾伟刚（左）与笔者（右）
褚慧英摄影

川西北地质队还是第三产业的公司行为，现已无从可考。但曾姓朋友的确是为川西北地质队收的。后经多方打听，才知道：锡石，云南人来收的；白钨，广西人来收的；铍矿（海蓝宝石），则是湖南人来收的。曾姓朋友通过几次交易，甩开川西北地质队，自己找下家了，由此，他还专

门建了选矿场，经加工筛选除渣，品质提高，价格也上去了。不久，人工水晶大量应用于工业领域，川西北地质大队也悄无声息地撤走了，再没听说他们收矿的消息了。

1987年，在改革开放春风的吹拂下，虎牙藏族自治乡也在研究怎样帮助村民勤劳致富，除了传统的种养植业和得天独厚的中药材外，政府想到了可以将零星的打矿产业组织起来，统一管理。于是，乡政府到县里去办了一张采矿证，组织村民采矿致富。那时候，炸药雷管有人管理，采矿卖矿有条有理。许多虎牙人几个月时间，手里便有了不少的现金。

1989年，曾太荣看到雪宝顶矿山许多尾砂里有很多好矿，完全可以淘洗出来。于是，他向乡政府提出承包雪宝顶矿山的洗矿业务。那时的承包制是一个非常流行的做法，因为采矿证是乡政府办的，矿山所有权在乡政府。经研究，乡政府同意了。双方敲定，曾太荣向乡政府每年上交12万元，曾太荣负责全权管理雪宝顶矿山所有尾砂矿的淘洗业务。承包制实行了两年，也是雪宝顶矿晶出得又多又好的两年。

雪宝顶采矿卖矿的热潮传遍四乡八里。许多外省人也来雪宝顶打工采矿。有贵州的、湖南的、广西的和河南的。小小的虎牙乡街上，人声鼎沸，热闹非凡，旅社、饭店生意红火，连小小的理发店，顾客也经常排起长队。

曾太荣由于身体原因，搞了三年的采矿后，退下山来，改做"成型矿"生意。想到当初将打出的大块大块的白钨矿晶体，从云母板上敲下来又打碎的情形，曾太荣心里那个遗憾呀，后悔莫及。真希望那样的事如果再来一遍，曾太荣就会立马停下举起的榔头，将这些稀世珍宝保留下来。

古氏兄弟
雪宝顶矿晶的见证者

两个亲兄弟——哥哥古伦（左）与弟弟古飞（右）　笔者摄影

称的"草大夫"，弟弟打猎挖药砍木材，样样精通，出类拔萃，但凡挣了钱，都乖乖地交给父母。

1985年，听说山上打矿，能挣大钱。兄弟俩一合计，立马就上了山。什么也不懂，边学边干，边干边学。搭上窝棚，支好床铺，架好锅灶，安顿下来后，就去找开矿的"窝子"（即开矿的洞口），苍天有眼，放了两三炮，黄澄澄的白钨矿立马就堆成了一座小山。

突然，另一个"窝子"那里围了一大群人，好像是在为什么事争吵。年轻人喜欢看热闹，古伦古飞放下手中的工作，也挤过去看个究竟。果然是因为打矿分配的事情，几个人引起争端。那时上山打矿的虎牙人，都是亲戚串亲戚，朋友喊朋友，成群结队来的，所以这一闹，立马就形成了两大阵营，互相攻击，大有大打出手之势。古飞路见不平，拔刀相助，一个箭步，站到人群中，连威胁带规劝，几下就将这场风波平息下来。这件事后，许多人因为古飞的勇猛、公正、善良而佩服起这位汉子来。不约而同地，拜古飞为"大哥"，凡有大事小情，都找古飞来作个公断。古飞一下就成了矿山上的"义务调解员"。连一些外省来的打矿者，都通过熟人介绍熟人的方式，要结识古飞，要称兄道弟。虎牙乡政府为此专门聘古飞为"治安安全员"，并通过矿山管理费的形式发放过一阵子安全补贴。

行善积德，与人为善，两兄弟是出了名的。弱者，从不欺辱；强者，从不惧怕。有个外地来打工的人给他们当"背足子"，在一次背矿的路上，双脚闪失，将五十多斤的矿石掉下山涧无法打捞，古飞不但没让他赔钱，反而替他出医药费，将他的骨伤治好，并发钱给他回家休养，养好再来。对帮他们打矿的打工者，从不巧立名目，拖欠工资。有时

到虎牙乡，你要是不认识古伦、古飞两兄弟，你等于没认识虎牙人。

虎牙人的骠悍、耿直、仗义，在弟弟古飞身上表现得尤为突出，而虎牙人的质朴、精明、善良，同样在他哥哥古伦身上体现。小时候打架调皮，小古飞在虎牙是出了名的，为这，让父母操了不少心，总担心这孩子长大后还不知会惹出多少祸事。

偏偏，小古飞长大后，不仅懂世，还出息得远近闻名，让四邻八乡的亲戚们刮目相看。

哥哥拜师学艺，立志当个乡村医生，即虎牙人

矿石还没卖成钱，两兄弟即使借钱，也要将打工者
的工钱付清。出门在外不容易，挣两个力钱，更不
容易。

　　兄弟俩特别憎恨矿山上的赌博行为。虽然无法
制止，却总是规劝那些外来矿工，不要涉赌，否
则，一年辛苦血汗钱将付诸东流，如何赡养家中的
妻儿老小。多次规劝无果，兄弟俩决定自设牌局，

爱不释手的宝贝——雪宝顶矿晶　笔者摄影

将那些参赌打矿者赢得一干二净，并记下他们输钱的数目，到冬季下山时，叫他们写上再不参赌的保证书，并叫其妻子前来领取输掉的钱。一家人拿到失而复得的一年工钱，对古飞俩兄弟感激涕零。

怎奈，天有不测风云。是一个晴朗的早晨，古飞在工棚里吃完早饭，往自己的"窝子"走去，半道上，就听有人喊，放炮了！放炮了！等古飞听到喊声，欲逃跑躲避时，山上炮响了——轰……轰……轰！有人"窝子"的炮响了。浓烟滚滚，飞沙走石，一个足有纸箱子大的石头飞滚而下，古飞来不及躲闪……他的腿砸断了。

学习了中医的"草大夫"古伦，肩负起了医治弟弟的责任。一天天，一月月，一年年，哥哥采药疗理，无微不至，硬是将很可能终生残废的弟弟治好了。同胞兄弟，血浓于水，兄弟情义深重如山。兄弟间，从小就不分你我。哥哥有的，不忘了给弟弟，弟弟有了，随时惦记着哥哥。以至长大以后，不论是挖药材，还是弄木材，两兄弟都是合伙经营，各管一段，钱在一块算，利润公平分。许多湖南的、桂林的矿商到虎牙去买雪宝顶矿晶，常常看见两兄弟互相征求意见，你推我让的温馨场面。哥哥不同意卖，弟弟决不坚持;同样，弟弟决定的，哥哥绝不反对，如果只有一个人在家里的时候，是不作买卖决定的。非得等到另一个人回来。当然，后来有了手机通讯，情况就变得简单多了。

在经营"成型矿"的生意中，古飞冲劲是出了名的，别人不敢要的矿，他敢要；别人不敢买的矿，他敢买。明明知道买到手后一时半会儿赚不到钱，一看喜欢，就拍脑袋，买了！那种洒脱与豪爽，许多矿晶商人自叹弗如。其实，两兄弟也没有什么经济实力，买了一堆矿晶，家里没钱了。又卖不出去，手里拮据得算计着过日子了。以致造成两三年兄弟俩无法卖矿，因为买得太高，无力买矿，因为手里没钱。眼睁睁地看到喜欢的矿标，却无力出手。真是一个痛啊！后来，经济形势好转，雪宝顶矿山"成型矿"日渐稀少，矿晶价格悄然上涨，两兄弟这才解套出来。而曾经高价"砸"在他们手里的雪宝顶矿物晶体标本，居然成了"极品级""顶尖极"的重量级精品。

笔者（中）古伦（右）古飞（左）合影　　褚慧英摄影

两兄弟见证了虎牙"成型矿"的起起落落。一天来两三波人到虎牙买矿标的场景，他们见过；一天来五六个外国人到虎牙用美元买矿标，他们也经历过，当然，寂寞清苦，一年卖不了一个矿标的艰难岁月，他们也品尝过。但就是在那样的年代，两兄弟从不抱怨，而是同甘共苦，默默的坚守，终于，苍天不负有心人，他们的坚守获得了不错的回报。

两兄弟还是非常可敬的孝子。对待老人，轻言细语，言听计从，没半个"不"字，并要求媳妇儿女决不允许对老人有半点的不敬。兄弟俩遵循"父母在，不远游"的古训，无论外面有何等重要的事情，家里必须留下一人，让老人能天天看见儿子，有事情好呼唤儿子。即便有两人必须一同去的事情，也是快去快回，尽量不在外过夜，以免老人挂念。

"家里有老人"，两兄弟经常委婉地拒绝朋友们的旅游邀请，兄弟俩沉下心来，静静地陪着老人，或养鸡或种花，或种菜或点瓜，过着简单而快乐的田园生活。

熊猫矿

"熊猫矿"on云母板（五柱堂）9cmx6cmx5cm

第十一章 "熊猫矿"的故事

之所以将"熊猫矿"单独列出，是因为它有故事。

上世纪九十年代中期，雪宝顶矿工在矿洞掘进到中深层200-300米时，发现许多类似"荞籽米米"的铜绿色矿晶，偶尔长在白钨、锡石、海蓝宝上，有时也呈单晶或联晶，乃至晶簇附着在板状产出的白云母晶簇上。按矿工的说法，这东西不怎么好看。如果它影响了其他矿晶的观赏效果，一般情况下，矿工们会把它们撬下来扔掉。由于山上清洗矿晶很困难，大部分矿晶是由"背足子"连同基岩一块背下山来的。所以，一些黄绿色晶体就被保留到矿晶上并被带下了山。

1999年，出于对新矿物好奇的矿商——古飞，将各种各样的类似"荞籽米米"的矿物带到了杨大雄的办公室，因为杨大雄说过，发现了新东西就告诉他，千万不要随便扔了。

杨大雄拿到矿后，找了几位同事来辨认，不知道是什么矿物。他们研究所沈敢富研究员，对新矿物的发现与研究有着浓厚的兴趣。他立马和几位同事一道进行研究。初步观察发现，矿物在偏光显微镜下为全消光。经研讨认为，应首先了解其化学成分。庚即在成都地质矿产研究所先后作了能谱和波谱电子探针分析。电子探针的分析表明，该矿物标本基本上由铜、锌、锡和硫等四种元素组成。计算的矿物化学式为：Cu_2ZnSnS_4。具有如此成分的矿物显然是锌黄锡矿(Kesterite)。锌黄锡矿为四方晶系，不可能全消光(其实，全消光缘于该矿物风化蚀变所致部分的光学特征——这是后话)。沈敢富研究团队直觉以为，有新矿物的可能。于是，商请中国地质大学(武汉)的陆琦教授带样品到中国地质大学(北京)晶体结构研究室进行X光单晶研究。很快传来令人兴奋的消息，该矿物属斜方晶系。如前述，锌黄锡矿为四方晶系矿物，而该矿物属斜方晶系。也就是说，这两种矿物虽然成分相同，但晶体结构不同。由此，沈敢富研究团队认为，同成分、不同晶系的矿物，矿物学上有一个专门的术语予以描述，即"同质多相体"。而且，具有同质多相体的矿物，应视为结构新的新矿物。既然该矿物具有新矿物可能性的最重要证据业已具备，在经过大量系统、深入的矿物学研究后，沈敢富研究团队撰写了该矿物作为新矿物的申报书并向国际矿物协会新矿物委员会、矿物命名及分类委员会(IMA-CNMNC)提交关于新矿物的申报。基于该矿物产自大熊猫栖息地之一的四川平武县，而且，此矿物的产出罕见，就像中国的大熊猫；该矿物小巧精致，有的晶簇形似憨态可掬的大熊猫等原委，杨大雄建议用中国的国宝大熊猫命名此矿物。

IMA-CNMNC收到了沈敢富团队关于"熊猫矿"的申报书，不久来函，要求他们补充该矿物的晶体结构精测，还指出，矿物不宜用动物的名称命名，望修改。得函后，沈敢富等立马向陆琦求助。可是，陆琦教授告之，原来的X光单晶分析样品找不到了，要求再寄样品，以便作结构精测。待杨大雄寄出矿标一段时间后，陆琦教授电告，从再寄去的标本中，业经多次测试，均未检测出具斜方晶系的样品，其结果都是四方晶系。换言之，它们都是锌黄锡矿。为了验证X光单晶分析的结论，他们还专程赶赴中国地质大学（武汉），请王文魁老先生，用古老的晶体测角法，再次分析该矿物的晶系。所得结果与X光单晶分析结论互可印证。据此，"熊猫矿"得以成立的"钢鞭"证据不复存在。沈敢富团队遂向IMA-CNMNC撤消了"熊猫矿"的申报。

这里，顺便普及新矿物产生的流程，始自1959年，新矿物的常规"产程"是按照世所公认的新矿物判据，先向IMA－CNMNC提交新矿物申报(其实是填报一套新矿物的理化参数、新矿物与相似矿物种的关系、新矿物晶体结构精测的原始数据和尽可能详细的相关文献资料"核查表")，再经≥2/3IMA-CNMNC成员对该申报新矿物及其命名投赞成票(弃权票视为反对票)，才算获准诞生，而且要把获批新矿物的原型物质，送交相当高级别的博物馆永久典藏（其功能之一是备查）。之后，并须在两年内发表相关新矿物的论著。至此，获批的新矿物及其新矿物名方才正式问世，犹如十月怀胎、一朝分娩的新生儿。要强调的是，IMA－CNMNC硬性规定，未经批准的矿物名称不得见诸公开出版物。

需要澄清的是，可能由于在"熊猫矿"尚未得到IMA－CNMNC批准的情况下，在平武县雪宝顶矿区，过早使用了"熊猫矿"的称谓，事后，又没有着重强调，"熊猫矿"不是新矿物，其科学的矿物名称是锌黄锡矿。也许还由于"熊猫矿"的称谓朗朗上口，不像锌黄锡矿那样有些拗口。因此，"熊猫矿"的称谓不胫而走，在矿区家喻户晓，甚至，在国际矿物晶体收藏界，都颇有一定的知名度。

不过，沈敢富研究团队认为，作为宝石名称或者商业名称或者地方性名称，保留"熊猫矿"的称谓，也是可行的。这正如海蓝宝石指称蓝色绿柱石一样。至少比那个最先在雪宝顶矿山流行的"荞籽米米"之类的矿物名称，来得要好。但是，还需要在当地大力宣传"熊猫矿"的矿物学学名是锌黄锡矿。

此外，沈敢富研究团队还对成为锌黄锡矿假像（即保留锌黄锡矿晶形），但具有全消光的锌黄锡矿风化蚀变产物作过研究。其结论是，它们堪称前苏联学者1982年发现的新矿物——羟锡铜石(Mushistonite) [Cu2+Sn4+(OH)6]在我国的首次发现。

但"熊猫矿"的名字的确引起了国际矿物晶体收藏界的热烈追捧。1996年，中国矿晶市场就传出寻找"熊猫矿"的热潮，国内外矿商纷纷追逐，虎牙乡上已是一矿难求，甚至连破碎零星的渣渣也被人买走。"熊猫矿"身价陡增，矿价直冲云霄。后来，许多专家出面澄清"熊猫矿"并非新矿物，而是一个早被发现认识的已知矿物，名叫锌黄锡矿，只是其外观覆盖了羟锡铜石，更加漂亮而已。让一些矿晶藏家热度冷却，"熊猫矿"的价格才回归理性。

"雪宝顶发现的稀有矿种中，锌黄锡矿(克斯特矿或称硫铜锡锌矿)和羟锡铜石(Mush-istonite)堪称弥足珍贵。大约是在2002年，雪宝顶发现了一种以前从未见过的罕见矿物，晶体不过10毫米，表面呈浅绿色。刚发现时，不少人认为这是一种新矿种，提议用四川的国宝大熊猫为之命名。叫'熊猫矿'（Pandanite），而且也流传了一段时间。但是通过进一步的研究，最后认定这是锌黄锡矿，只是世界其他地方以前从没发现过如此完美的锌黄锡矿晶体而已。更为特别的是，锌黄锡矿本来是一种类似黝锡矿的铜锌硫化矿物，本身并不漂亮，而雪宝顶出产的这些锌黄锡矿晶体表面被另一种更稀少的绿色矿物——羟锡铜石所覆盖，不仅大大改善其观赏特性，而且也更具收藏价值了。从这个角度来讲，称这种被羟锡铜石覆盖的锌黄锡矿组合标本为珍贵的'熊猫矿'也不为过。"

德国矿物学家奥腾斯在其著作《中国矿物及产地》(P435)一书中，是如上这样评述"熊猫矿"的！（大概，国外矿晶市场见到"熊猫矿"已是2002年的事了）

现在回过来推敲，沈敢富研究员认为：当年X光单晶分析所得斜方晶系的结论，很可能是样品搞混所致。换句话说，作为独立矿物种类的"熊猫矿"是不存在的。它可以作为宝石学界的商业名称保留，仅此而已。

但是，另外一些研究员则坚持认为"熊猫矿"还在，它是与锌黄锡矿、羟锡铜石和水硅钙铜石共生的一种新结构矿物。与锌黄锡矿同质异相，只不过可以重新命名罢了，或叫"虎牙矿"，或叫"雪宝顶矿"均可。因为，陆琦教授开始检测到锌黄锡矿是斜方晶系，但是第一批像"荞籽米米"那样的矿标丢失了，无法寻找。杨大雄只好又找了些矿山后来开出的样品送过去。但第二批矿样却无法检测到斜方晶系了，而是四方晶系。陆琦又将矿样送北京检测，居然在个别矿样上还测出了车轮矿。基于种种原因，测试没有继续下去。"熊猫矿"也就成了一个悬而未决的话题。

但"熊猫矿"是有的！它是那种虎牙矿工称之为"荞籽米米"的矿物，它的产出时间早于"锌黄锡矿"，其晶型略小，颗粒状，绿中带黄，它非常稀少。它应该与锌黄锡矿、羟锡铜石、水硅钙铜石和车轮矿等是共生组合关系。"熊猫矿"发现在前，锌黄锡矿发现在后。对新矿物感兴趣的矿晶收藏者们，如果条件允许，不妨做进一步的探索和研究。我们现在所说的"熊猫矿"，仅仅是羟锡铜石

覆盖锌黄锡矿的组合标本而已。而那个最先在雪宝顶矿山产出的类似"荞籽米米"的斜方晶系的锌黄锡矿矿物，则淹没在人们的记忆里了。

"熊猫矿"，你在哪里？

清晰的羟锡铜石和水硅钙铜石

水晶篇

炮眼——雪宝顶矿区　　　曾伟刚摄影

第十二章 丰富多彩水晶场
千言万语钨锡铍

一位曾在雪宝顶钨锡铍矿工作过的川西北老地质这样说道：当时，根据上级精神，一门心思找水晶，即便一公分的小块块也不放过，偏偏挖到白钨、锡石等晶体，却连同矿渣一起，推下深沟，哪曾想到，这是世界级的珍稀宝贝呀。我这地质算是白学了。

更有甚者，他们发现了一根足有五公分粗的水晶，下部包裹着白钨，由于水晶太过清澈透明，他们不忍割舍，遂将水晶敲碎，将白钨取出扔掉，留下非常透明的水晶尖子上交给了地质队。

水晶场有五平方公里左右，分东坡和西坡，顺着或平或缓的山坡，至今仍见川西北地质大队工作时开挖的矿洞，有的已经垮塌，有的已经被村民利用。

上世纪八十年代，中国对外实行改革开放，对内实行放开搞活的国家战略。村民们为了追求富裕，成群结队上山采矿，面对一望无涯的山脊，村民们茫然不知所措。没有工程师指导，没有岩矿知识，只知道找一种发黄的岩石。不过，那时的矿还真好挖，露头就能在地上清晰地看到，村民们动用钢钎、十字镐、錾子、锄头就能刨上一大堆。有时，掀开草甸子，就能看到瓦亮瓦亮的矿石，三五下锄头，就能挖到满满一撮箕。

两三年过后，地面的矿石挖完了，洞子刨进百多米深，大坨大坨的成型矿也很难见到了。

然而，迟来的消息告诉村民们，成型矿的价值远超散矿！可惜，他们已将其打碎，放进散矿里增加矿石品位了。

于是，有用的消息告诉村民们，用紫光灯照一下矿洞，顺着发蓝的那个岩层往里挖，那就是矿。此时此刻，具有科学意义的采矿才慢慢普及。

采矿工具简陋得你无法想象，种田的农具和播种的簸箕，都是挖矿、选矿的工具。矿洞里照明连手电筒都成了奢侈品，而蜡烛却时时派上用场。

矿石远销江西、湖南，引来了一批批淘矿者和打矿者。有的拖家带口，有的只身一人，他们纷纷登上雪宝顶，追逐财富之梦。他们中有湖南人、江西人、贵州人、河南人、湖北人……鼎盛时期，方圆不足五平方公

上世纪九十年代设于虎牙乡路口的矿产品检查站　笔者摄影

里的雪宝顶水晶场，足足聚集了5000人在此挖矿，淘矿，那场面甚是壮观。

矿价也一个劲地见天涨。开始几角钱一斤，后来几元钱一斤，再后来几十元钱一斤，高峰时，甚至百多元一斤。许多虎牙人，就是这样求得了生存，挖到了财富。

但财富背后，却是无尽的血泪与艰辛。有的外地人，还没走拢矿山，就滚下悬崖，把命丢在了山涧里；有的一家三兄弟

雪宝顶瑰宝

丰富多彩水晶场 千言万语钨锡铍

风雪人无踪——雪宝顶矿区　　曾伟刚摄影

上山打矿，回来只剩下最小的弟弟；有的家庭，男人上山采矿就再没下山，留下妻儿老小，苦熬生活。有的打矿挣到了钱，打矿引起的各种疾病却折磨得他们重返贫困。

由于缺乏科学的指导和专业的管理，乐极生悲的事情时有发生。

家乡观念形成了帮派集群，为争矿点，口角和械斗发生了……

安全管理缺乏专业人员，放炮炸死炸伤人的事件发生了……

川西北地质大队曾经开水晶的矿洞　曾伟刚摄影

气候恶劣，高原反应疾病，有的人还没等抬下山就命归西天了……

缺乏山地经验，工棚选址不当，有的矿工晚上睡在工棚里，早晨，一场暴雨夹杂着泥石流就将他们连同工棚一起送回了"老家"。

这些故事，一点点一滴滴，令人不禁唏嘘。

雪宝顶开矿，一开始是受到政府鼓励和支持的。且不说上世纪五十、六十、七十年代，四川川西北地质大队就一直在此做地质工作，并探矿采水晶。雪宝顶

雪宝顶瑰宝

丰富多彩水晶场 千言万语钨锡铍

冬季的矿洞——雪宝顶矿区　曾伟刚摄影

南坡那片"水晶场"的名字，也是因此而得名。到了八十年代，还有一家矿业公司专门收购雪宝顶的矿物，水晶镇还专门设有选矿厂，对雪宝顶矿山的矿石进行收购选矿。在当时国家改革开放政策的鼓舞下，各级政府都在探索"让一部分人先富起来"的新路子。虎牙乡地薄人稀，交通不便，没有什么可供开发的项目。让村民们上山打矿，劳动致富，也是一个不错的选择，在那个大好形势的推动下，一吨吨矿石被开采出来，由马帮或"背足子"驮下山来，运到冶炼厂。也就在这时，那些精美的矿物晶体也大量地被开采出来，进入了国际国内矿物晶体收藏市场。

是云，是雪？——雪宝顶矿区　曾伟刚摄影

　　然而，由于缺乏地矿知识和矿山管理经验，环境保护意识不强，一味强调勤劳致富而放松了其他管理，加之矿点偏远、道路漫长，政府的管理显得有些鞭长莫及、力不从心。

　　到了九十年代，政府开始重视雪宝顶生态环境的保护，开始逐步禁止采矿。地方政府首先将雪宝顶列为四川省级自然保护区，同时积极申报国家级自然保护区。许多虎牙矿工接受了政府的帮助和劝阻，放弃了以打矿为营生。但个别村民为了摆脱贫困，挣钱心切，仍不顾危险和艰辛，不时偷偷上山采矿。所以，当时仍然有一些"成型矿"被开采出来，并通过"教学标本""地质标本"的渠道流入市场，流到国外。

雪宝顶优质的矿物晶体，大都生长在浅层地表，晶体硕大，组合丰富，颜色鲜艳。海蓝宝，如海水般晶莹剔透；红白钨，泛着宝石的火彩，血红透明；锡石，柱状燕尾状，晶型多样，镜面般的金刚光泽，让人爱不释手。可是，矿洞掘进深层后，采出的晶体不但微小，而且颜色光泽也逊色不少。上世纪八九十年代，雪宝顶矿山开采出的那些美丽的矿物晶体标本早就留存在国际国内的许多自然博物馆和有实力的矿物晶体收藏家的保险柜里了。

雪宝顶被国务院批准成为国家级自然保护区是在2006年。不凑巧的是"5·12"汶川大地震来袭，一些村民受损严重，除了得到政府的补贴外，个别村民又想上山采矿，以挣钱自救。怎奈世界经济不振，白钨矿价一跌再跌，打矿不仅无利可图，负债亏损已属常事。运气好，打到几个晶洞，取出几个漂亮的成型矿，脱手卖掉也仅仅是保本而已，盈利已非常艰难。平武县政府打击盗采乱挖的力度非常强硬，每年，县政府都要组织以国土、公安为主的联合执法队登山巡察，坚决制止盗采盗挖和破坏生态环境的事件。县公安局对炸药的管控严厉有加，凡有违法者，均绳之以法，决不姑息！在经济与法制的双重压力下，虎牙乡的村民转而寻求别的生存之路。恰在此时，国家发展绿色经济，乡村休闲旅游渐成气候，雪宝顶的生态风景优势又可造福虎牙子民。一户户农家乐在政府的支持和帮助下开得风声水起，许多农户当年开张，当年营利。来自全国各地的"自驾游"给虎牙乡增添了欢乐、热闹的气氛。节假日不提前预订，根本找不到吃的和住的。更可喜的是：2015年7月，由四川省政府、省旅游局组织的绵阳虎牙生态旅游景区开发项目在北京产权交易所挂牌，计划投资35个亿。是否能找到投资者，就看虎牙人的造化了。

总之，新的绿色经济为虎牙人的生活注入了新的希望、新的活力。虎牙人进山打矿的日子随着国家经济的发展和绿色生态旅游的兴旺将就此划上句号。

后 记

写完这本书，心情纠结。埋藏了上亿年的雪宝顶矿晶，历经磨难，终见天日。让我们这一代矿晶达人与之邂逅。这是我们的幸事，抑或是悲哀？

我不知道。

我唯一要做的是记录下这一切，尽最大努力告诉人们，这是中国的瑰宝！

雪宝顶的矿物晶体美艳多彩，独特珍稀，是独树一帜的天然宝贝。它不是宝石，胜似宝石。它的面世，让世界矿晶界为之一震。它让世界矿物晶体收藏界打开了一扇耀眼的窗户，收藏家们为晶体硕大、颜色丰富、组合多样的白钨锡石海蓝宝而欢呼雀跃，纷纷争相购买，永久收藏。

只可惜，漂亮的矿晶流到国外去的太多了。精品、极品、绝品级的宝贝，只能在国外一些矿物晶体收藏家森严壁垒的收藏室里才能一睹芳容。

这不能不说是一种遗憾！在这里，我们没有理由去指责矿商们将宝贝卖到国外的商业行为。就目前而言，那是无可奈何的事情。市场经济，价高者得。一方面，中国人科普不力，许多人认识不到矿物晶体的非凡价值；另一方面，中国人的收入普遍不高，而且，生活压力大，挣几个钱买房养孩子供老人已属不易，哪有闲钱闲情买矿晶。

只希望有一天，富裕的中国人挺直腰杆，把那些美艳动人的宝贝，请回祖国，长驻家园。

或许，在不久的将来，在伟岸的雪宝足下，矗立起一座庞大的博物馆，那些可亲可爱的珍稀宝贝，在博物馆巨大的怀抱中，静静地坦露着笑脸，享受着母亲的关爱。

我努力地、孤独地进行着收藏雪宝顶矿晶的工作，上北京，下桂林，进长沙，到上海，凡是有矿晶展的城市，我一个也不放过；凡是开设矿晶市场的城市，我多次往返。希望买到更多更好的雪宝顶矿晶，希望遇到更多更好的爱矿之人。但我一个人的能力毕竟有限。我盼望有更多的有识之士加入到雪宝顶矿晶的收藏行列，将国宝留在国内，留给子孙。

这是我们这一代矿晶达人的责任与担当。

我知道前路坎坷，有不少艰难险阻。但风帆已经高挂，大船已经启航，开弓已无回头箭。收藏，学习，交流，品鉴……累，并快乐着。

感谢我的妻子对我这份爱好的理解和支持，并帮我打印校对所有文稿。

感谢褚慧英大姐，协助我采访录音，帮助我记录整理采访资料。

感谢李成静先生，协助校译、改编部分文稿。

感谢川西北地质大队总工程师郝承麟总工，为我提供有关地质资料方面的帮助。

感谢川西北地质大队的工程师，前四川绵阳根石协会申泰明主席提供许多有用的材料。

感谢成都地质矿产研究所沈敢富先生对"熊猫矿"文稿的修改，他严谨的治学态度令我钦佩。

感谢书中提到的相关专家和矿友，他们接受我的采访，无偿地支持我记录下雪宝顶矿晶的这段历程。

还有许多没提到的人和事，一并致谢了。

2016年8月24日

笔者在虎牙乡（2013年）
廖天旭摄影

补　记

　　或许是机遇巧合吧，本书草于2016年中期，却因各种原因迟迟不能成书。却原来是在等一个重大消息：2017年3月2日，四川省平武县人民政府与山东水发集团、山东龙田置业集团在四川省绵阳市长虹酒店就平武县"全域旅游"虎牙项目合作协议举行了签约仪式，计划投资50亿元人民币。

　　这手笔不可谓不大，协议规划将对虎牙景区内的基础旅游设施、交通设施及旅游服务配套设施，按照国家5A级风景区标准进行升级打造，其中就包括：

　　雪宝顶风景区

　　虎牙大峡谷风景区

　　大龙口瀑布风景区

　　磨子坪风景区

　　平沟风景区

　　规范打造旅游行业多个世界第一：

　　世界唯一的百桥栈道

　　世界第一高的透明观光云霄电梯

　　世界第一高的透明玻璃景观栈道观景平台

　　世界第一高的玻璃主题酒店

　　低空直升机飞行平台

　　由此，虎牙人上雪宝顶矿山打矿的日子终于在这一天彻底划上了句号，勤劳勇敢的虎牙人终于结束了艰辛而危险的打矿生涯，从此走上可持续的绿色发展道路。

　　幸哉平武！幸哉虎牙！幸哉虎牙人！

雪宝顶瑰宝

补记

锡石、海蓝宝on云母花（粪堆湾）11cmx8cmx6cm

白钨连生双晶on长石（岩底下）20cmx11cmx8cm

长石、海蓝宝on白钨（岩底下）17cmx16cmx10cm

萤石穿插双晶（五柱堂）14cmx12cmx15cm

雪宝顶瑰宝